Höxtermann/Sucker · Otto Warburg

1 Otto Heinrich Warburg (8. 10. 1883–1. 8. 1970)

Biographien
hervorragender Naturwissenschaftler,
Techniker und Mediziner Band 91

Otto Warburg

Dr. rer. nat. Ekkehard Höxtermann, Berlin
Dr. sc. phil. Ulrich Sucker, Berlin

Mit 29 Abbildungen und 2 Übersichten

LEIPZIG

Springer Fachmedien Wiesbaden GmbH 1989

Herausgegeben von
D. Goetz (Potsdam), I. Jahn (Berlin), H. Remane (Halle),
E. Wächtler (Freiberg), H. Wußing (Leipzig)
Verantwortlicher Herausgeber: I. Jahn

Höxtermann, Ekkehard:
Otto Warburg / Ekkehard Höxtermann ; Ulrich Sucker. –
1. Aufl.
180 S. : mit 29 Abb. u. 2 Übersichten
(Biographien hervorragender Naturwissenschaftler,
Techniker und Mediziner ; 91)
NE: 2. Verf.: ; GT

ISBN 978-3-322-00690-5 ISBN 978-3-663-12278-4 (eBook)
DOI 10.1007/978-3-663-12278-4

ISSN 0232-3516

Ursprünglich erschienen bei BSB B. G. Teubner Verlagsgesellschaft, Leipzig 1989

1. Auflage
VLN 294-375/100/89 · LSV 1308
Lektor: Dr. Hans Dietrich

Gesamtherstellung: INTERDRUCK, Graphischer Großbetrieb Leipzig,
Betrieb der ausgezeichneten Qualitätsarbeit, III/18/97
Bestell-Nr. 666 524 3

00880

Vorwort

Als im Jahre 1983 namhafte Naturwissenschaftler in aller Welt aus Anlaß des 100. Geburtstages Leben und Werk Otto Warburgs würdigten, wurde noch einmal das Bild eines Mannes lebendig, der über sechs Jahrzehnte gleichermaßen als Zellphysiologe, Biochemiker, Photobiologe und Mediziner Wissenschaftsgeschichte geschrieben hatte.

Es wird wohl kaum einen zweiten Biowissenschaftler unseres Jahrhunderts geben, der so mit Superlativen bedacht, zugleich so euphorisch gefeiert und distanziert betrachtet wurde. Die einen huldigten ihm als einem „der begabtesten und hoffnungsvollsten jüngeren Physiologen Deutschlands" (Albert Einstein, 1918), als „Meister der Zellchemie" (Dean Burk, 1953) und „Künstler der Zellphysiologie" (Josef Hausen, 1955), als einem der „großen Wegbereiter der modernen Physiologie und Biochemie" (Kurt Mothes, 1956) oder „großen Pioniere der Biologie" (Hans Krebs, 1979). Sie feierten einen „Strategen der Wissenschaft" (Lothar Jaenicke, 1980) und „König der Biochemiker" (Ernst Jokl, 1983), sahen in ihm „den Pasteur unseres Jahrhunderts" (Theodor Bücher, 1983) und eine „singuläre Erscheinung unter den großen Naturwissenschaftlern dieses Jahrhunderts, ... etwa einem Galilei oder einem Leibniz oder einem Faraday vergleichbar" (Manfred von Ardenne, 1986). Seine Arbeiten wurden als „Manifeste" der Stoffwechselforschung (Hermann Kalckar, 1976), „Kunstwerke" (Karl Lohmann, 1977) und „Glanzpunkte in der Entwicklung der biologischen Wissenschaften" (Eberhard Hofmann, 1985), sein Institut als „Palast der Zellphysiologie" (Dean Burk, 1953) und „Akropolis der Naturwissenschaften" (Spandauer Volksblatt, 1962) betrachtet. Für andere wiederum war er ein „fanatischer Forscher" (Die Welt, 1957), ein „Seigneur, der sich ohne Konzessionen ganz ausschließlich seiner eigenen Forschung widmet" (Frankfurter Allgemeine Zeitung, 1963), „der Unabhängige" (Margret Boveri, 1970), „der große anglophile Preuße" und „unnachgiebige Polemiker", „eine fridericianische Natur" (Lothar Jaenicke, 1979/80), ein „Generalstäbler in Zivil“ (Theodor Bücher, 1983). Seine Nachbarn nannten ihn den „Kaiser von Dahlem“. Die Vielfalt und Farbigkeit der Attribute und der Ruf ihrer Absender sprechen für sich.

Die Forschungsleistungen Otto Warburgs wirken noch heute auf die geistigen Erben seiner Werke anziehend und anregend und beinhalten wertvolle wissenschaftstheoretische und -organisatorische Erfahrungen. Um so bedauerlicher ist es, daß Leben und Leistung des bekannten Naturwissenschaftlers in unserer wissenschaftshistorischen Literatur kaum erschlossen sind. Erst in jüngster Zeit erschienen einige umfassendere Würdigungen, die allerdings auch nur in begrenztem Maße Verbreitung fanden. Im westeuropäischen Raum hat sich in den siebziger Jahren Hans Krebs in besonderer Weise für die Propagierung von Leben und Werk seines ehemaligen Lehrers engagiert. Während mit nur wenigen Ausnahmen die meisten Würdigungen zu Lebzeiten Warburgs mit unkritischen Zugeständnissen an den unerbittlichen Streiter in wissenschaftlichen Polemiken behaftet sind, nahm Krebs als erster mit der möglichen historischen Distanz eine größere Einschätzung vor, die ein faszinierendes, aber auch kritisches Bild zeichnete und auch für uns zur Fundgrube wurde.

Ein Verwandter Otto Warburgs, der Hamburger Kunsthistoriker Aby Warburg, soll einmal von sich gesagt haben, er sei „wie gemacht für eine schöne Erinnerung“ [73, S. 11]. Im Falle Otto Warburgs wäre die „schöne Erinnerung“ auch eine „lehrreiche“.

Die Frage nach den Bedingungen höchster wissenschaftlicher Effektivität ist heute von grundlegender politischer Bedeutung. In diesem Zusammenhang ist es nicht nur gerechtfertigt, sondern unbedingt erforderlich, Leben und Werk herausragender Forscherpersönlichkeiten zu analysieren. Mögliche Wurzeln hoher geistiger Produktivität und historische Erfahrungen in der Wissenschaftsorganisation sind von großer Aktualität. Das enorme Leistungsvermögen Otto Warburgs und seine äußerst fruchtbare Forschungstätigkeit basieren nicht zuletzt auf verallgemeinerungswürdigen Erfahrungen, deren Kenntnis für die genannte Frage von großer Bedeutung ist.

Es geht uns aber auch darum, in Anlehnung an Wilhelm Ostwald zu zeigen, daß solche Menschen wie Otto Warburg „nicht etwa etwas von der übrigen Menschheit ganz und gar verschiedenes, sondern im Gegenteil ihre typischste Ausprägung sind“ [29, S. 19], muß es doch unser Ziel sein, ihr Werk „nicht mehr als ein unkontrollierbares Geschenk des Zufalls oder höherer Mächte zögernd [entgegenzunehmen, sondern unsererseits] das Erforderliche tun [zu lernen], um solche höchsten Werte, die in jeder Gemeinschaft möglich sind, zur Entwicklung zu bringen“ [30, S. III].

Angesichts der uns stets erwiesenen Anregung und Förderung biologiehistorischer Interessen möchten wir diese Arbeit Frau Doz. em. Dr. Ilse Jahn, Berlin, widmen.

Für die freundliche Bereitstellung von Abbildungen und die Erlaubnis zur Veröffentlichung danken wir den in den Bildlegenden ausgewiesenen Archiven, Bibliotheken, Instituten und Verlagen. Für ihr besonders großzügiges Entgegenkommen schulden wir Frau Dr. Christa Kirsten sowie Herrn Dr. Wolfgang Knobloch, Zentrales Archiv der AdW der DDR Berlin, und den Herren Dr. Wieland Berg, Archiv für Geschichte der Naturforschung und Medizin der Deutschen Akademie der Naturforscher Leopoldina Halle, Dr. Eckart Henning, Archiv zur Geschichte der Max-Planck-Gesellschaft Berlin (West), Dr. Heinz Kossack, Archiv der Humboldt-Universität zu Berlin, Prof. Dr. Samuel Mitja Rapoport, Institut für Biochemie des Bereiches Medizin/Charité der Humboldt-Universität zu Berlin, sowie Prof. Dr. Horst Sund, Fakultät für Biologie der Universität Konstanz, unseren Dank. Die reprographische Bereitstellung der Mehrheit der Abbildungen erfolgte durch Frau Carola Seifert, Fotostelle der Deutschen Staatsbibliothek Berlin, sowie Herrn Joachim Fisahn, Fotoabteilung im Direktorat für Kultur- und Öffentlichkeitsarbeit der Humboldt-Universität, denen wir Dank sagen.

Für wertvolle inhaltliche Anregungen fühlen wir uns den Herren Prof. Drs. h. c. Manfred von Ardenne, Dresden, Prof. Dr. Dr. h. c. Theodor Bücher, München, Prof. Dr. Werner Lemm, Sektion Pädagogik der Humboldt-Universität zu Berlin, Dr. Antonio Miralto, Zoologische Station „Anton Dohrn“ Neapel, und Doz. Dr. Günter Sauer, Institut für Biochemie des Bereiches Medizin/Charité der Universität Berlin, verpflichtet. Nicht zuletzt sei dem Leitenden Lektor des BSB B. G. Teubner Verlagsgesellschaft Leipzig, Herrn Dr. Hans Dietrich, für die förderliche Zusammenarbeit gedankt.

Ekkehard Höxtermann

Berlin, im März 1988 Ulrich Sucker

Inhalt

Die Entwicklung der Biochemie zu Beginn des 20. Jahrhunderts

Im Laufe des vergangenen Jahrhunderts erhielt die Wissenschaft vom Leben, die Biologie, ein neues Gesicht. War ihre Entfaltung im frühen 19. Jahrhundert durch das Postulat einer „Lebenskraft" noch stark verzögert und durch naturphilosophische Betrachtungsweisen beeinträchtigt worden, so wurde sie zunehmend von der mechanischen Grundhaltung der Folgejahre geprägt und schließlich mit der allgemeinen, bereits für den nichtorganischen Bereich ermittelten Naturgesetzlichkeit in Einklang gebracht. In dem Maße, wie es gelang, die Kluft zwischen anorganischer und organischer Chemie zu überbrücken, flossen die Erkenntnisse der Energetik und Anorganik in die Erforschung des Lebendigen ein. Zur Jahrhundertwende hatte sich die Entwicklung der beobachtenden, beschreibenden, vergleichenden und ordnenden Biologie hin zur experimentellen Wissenschaft vollzogen. Gerade die führenden Forscher jener Zeit wandten sich dem kausalanalytischen Experiment zu. In dieser Phase der Biologiegeschichte entstand neben anderen neuen biologischen Teildisziplinen, wie z. B. der Cytogenetik, die Biochemie im Ergebnis einer „exakten" Physiologie des Stoffwechsels.

Der Begriff Biochemie wurde unseres Wissens erstmals von dem Wiener Pathochemiker Vincenz von Kletzinsky 1858 in die Literatur eingeführt, als er die Biochemie und bereits auch die Biophysik als Bestandteile der Physiologie beschrieb [61]. Es war die Zeit der mechanistischen Biologie, als man vermeinte, die sich soeben erst emanzipierende Physiologie auf Chemie und Physik reduzieren zu können. Hatten doch die Fortschritte der Chemie und Physik bewirkt, daß die Physiologie sich von der Anatomie löste und in wachsendem Maße als quantitativ arbeitende Wissenschaftsdisziplin behauptete. Die „separate Untersuchung von separaten Funktionen" auf der Grundlage neuester naturwissenschaftlicher Erkenntnisse und technischer Hilfsmittel wurde zur allgemeinen Methode. Es war vor allem Carl Ludwig, der die kausalanalytische Arbeitsweise zum grundlegenden Prinzip der Physiologie erhob und damit seine Leipziger Schule der experimentellen Physiologie von Weltruf begründete. Die physikalische Richtung in der Physiologie entwickelte sich in erster Linie in Berlin, wofür Namen wie Emil Du Bois-Reymond und Hermann von Helmholtz stehen. Zentren ihrer chemischen Richtung waren neben Berlin mit den frühen Arbeiten von Franz Simon, Felix Hoppe-Seyler und Albrecht Kossel vor allem Gießen, Göttingen, Leipzig und Tübingen bzw. Straßburg, wo Justus von Liebig, Friedrich Wöhler, Wilhelm Pfeffer, Hoppe-Seyler und später Franz Hofmeister wirkten.

Die organische Chemie innerhalb der Naturwissenschaften und die „physiologische Chemie" im Rahmen der Medizin, wo Physiologie und klinische Pathologie zur Blüte gelangten, bereiteten den Boden, in dem die Biochemie als eigenständige Disziplin der Biologie Wurzeln schlug. Das Interesse der ersten Stätten biochemischer Forschung konzentrierte sich auf Wesen und Zusammenhänge der bekannten organischen Stoffe in den Zellen und Geweben und auf die Ableitung allgemeinbiologischer Gesetze (vgl. [10, 15, 42, 43]).

Einen ersten Meilenstein für die junge Biochemie setzte um die Jahrhundertwende neben Ergebnissen der Hormonforschung (Artur Biedl, 1916) das umfassende Studium der Enzyme. 1897 hatte Eduard Buchner aus der Hefe ein Fermentgemisch „Zymase" isoliert und zellfreie Gärungsprozesse zielgerichtet untersucht. Damit war die Auffassung Louis Pasteurs, daß Fermentwirkungen nur durch lebende Organismen hervorgerufen werden können, aufgehoben und nachgewiesen, daß Enzyme in rein chemischen Prozessen außerhalb der Zellen wirksam sein und Analysen ihrer Zusammensetzung und Wirkung mit chemischen Methoden vorgenommen werden können. Bereits 1894 hatte Emil Fischer die Spezifik der Enzyme demonstriert und mit einem „Schlüssel-Schloß-Prinzip" zwischen Enzym und Substrat erklärt. Bei der Überprüfung der Buchnerschen Ergebnisse stellten 1905 Arthur Harden und William John Young fest, daß die alkoholische Gärung auch Phosphate voraussetzt, wodurch die weitreichende Bedeutung der 1897 von Gabriel Bertrand entdeckten Koenzyme erkannt wurde.

Weiterführende enzymatische Untersuchungen erbrachten viele neue Entdeckungen. Der Nachweis der Dehydrogenasen durch

Frederico Battelli und Lina S. Stern (1909), die Entdeckung ihrer wasserstoffaktivierenden Wirkung durch Heinrich Wieland (1913–1922), die erfolgreichen mathematischen Analysen der Enzymwirkungen von Leonor Michaelis und Maud L. Menten (1913) oder die entscheidenden Arbeiten Otto Meyerhofs über den Milchsäurezyklus im Muskel (1918, 1922) waren neben anderem wichtige Etappen auf dem Wege zur Aufklärung der biologischen Redoxsysteme, wodurch sich die Biochemie verstärkt den zentralen Prozessen im Energie- und Stoffwechsel, die durch Enzyme katalysiert werden, zuwandte.

Die Lösung grundsätzlicher Fragen wurde aber vielfach noch durch weit verbreitete, überholte theoretische Konzepte und die nunmehr an ihre Leistungsgrenzen gelangte klassische Labortechnik behindert. So wurde die erste Entwicklungsphase der Biochemie entscheidend von der Kolloid- und Aggregattheorie der Proteine beeinflußt. Danach würden Eiweiße in lebenden Zellen nur als Aggregate kleiner Moleküle vorliegen. Noch 1916 vertrat z. B. Emil Fischer die Auffassung, daß Polypeptidketten aus höchstens 30 Aminosäuren bestünden. Demgegenüber wurde bereits im ausgehenden 19. Jahrhundert die Makromolekülhypothese diskutiert, die in Anlehnung an Kekulés Kohlenstoffpolymerkonzept schon 1875 Eduard Pflüger vertrat. Die hemmende Vorherrschaft der Kolloidtheorie konnte nur langsam eingeschränkt und erst überwunden werden, als Hermann Staudinger 1926 seine grundlegenden Erkenntnisse zur Chemie makromolekularer Strukturen veröffentlicht hatte.

Zum entscheidenden Durchbruch der Makromolekularhypothese trug maßgeblich die Erfindung der Ultrazentrifuge durch Theodor Svedberg 1924 bei. Für die Erklärung biopolymerer Strukturen und biochemischer Reaktionsabläufe hatten auch die Quanten- und Photonentheorie des Lichtes (Max Planck, 1900; Albert Einstein, 1905) sowie die neuen Atommodelle und daraus abgeleiteten Theorien chemischer Bindungen (Ernest Rutherford, 1911; Niels Bohr, 1913) herausragende Bedeutung. So war es für die Biochemie überhaupt kennzeichnend, daß sie durch Fortschritte der Physik und Chemie in stärkerem Maße gefördert wurde als durch andere biologische Disziplinen. Vor allem der Übergang von den traditionellen Makromethoden zur Mikroanalyse kleinster Naturstoffmengen ermöglichte bislang verschlossene Zu-

gänge. Es ist unschwer nachzuvollziehen, wie beispielsweise Isotopenindikation, Röntgenanalyse, Chromatographie, Elektrophorese, Ultrazentrifugation, Elektronenmikroskopie und Spektroskopie die Biochemie befruchteten (vgl. [40, 41]).
Diese Entwicklungsphase der Biochemie wurde entscheidend durch das Lebenswerk Otto Warburgs mitbestimmt und geprägt. Es ist sein unumstrittenes Verdienst, daß er neue Lösungswege ging, sich über veraltete Konzepte hinwegsetzte und die erforderliche Methodik auf originelle Weise selbst schuf.

Seit ich begann, selbständig wissenschaftlich zu arbeiten, ist es immer und bis heute mein Thema gewesen, wieweit sich Lebensvorgänge auf Physik und Chemie zurückführen lassen. Ich entdeckte dabei die chemische Natur der Fermente, der Wirkstoffe des Lebens, von denen Willstätter noch im Jahre 1930 gesagt hatte, daß sie chemisch unerklärbar seien. Ich entdeckte den chemischen Mechanismus der Zellatmung, den chemischen Mechanismus der Wasserstoffübertragung im Leben und damit den Mechanismus aller Gärungen. Ich entdeckte die Quantenchemie der Photosynthese und schließlich, auf medizinischem Gebiet, die allgemeine und letzte Ursache des Krebses. [B 58, S. 95]

Die methodischen Leistungen und wissenschaftlichen Entdeckungen Otto Warburgs, auf die er hier als 83jähriger mit dem für ihn typischen Selbstbewußtsein verwies, machten ihn letztlich in den Augen seiner geistigen Erben zum „bedeutendsten Naturwissenschaftler auf dem Gebiet der experimentellen Biologie des 20. Jahrhunderts“ [B 49, S. 5].

Otto Warburg in der Zeit bis 1945

Kindheit, „Lehr- und Wanderjahre“

Otto Heinrich Warburg[1]) wurde am 8. Oktober 1883 in Freiburg im Breisgau (Baden) geboren. Sein Vater, Emil Warburg (Abb. 2), war einer der hervorragendsten Physiker seiner Zeit und arbeitete seit 1876 als Ordinarius an der Freiburger Universität. Erst seit 1866 preußischer Staatsbürger, entstammte er dem dänischen Zweig einer großbürgerlichen Familie aus Altona bei Hamburg, wo Anghörige der Familie Warburg als Unternehmer, Bankiers und Beamte, Gelehrte und Künstler über viele Generationen eine wichtige Rolle im wirtschaftlichen und öffentlichen Leben der Stadt spielten.

Ottos Mutter Elisabeth, die ihn wohl vorwiegend erzogen hat, war eine geborene Gaertner und kam aus einer württembergischen Beamten- und Offiziersfamilie. Spätere Charakterzüge ihres Sohnes werden ihrer ausgeprägten Vitalität und Schlagfertigkeit zugeschrieben.

Der 1880 geschlossenen Ehe entsprangen neben dem einzigen Sohn drei weitere Kinder: Käthe, Lotte und Gertrud. Otto besuchte in Freiburg eine Privatschule, die in drei Jahren das Pensum der viereinhalb Jahre beanspruchenden Volksschule vermittelte, und daraufhin das streng altsprachlich (humanistisch) ausgerichtete Berthold-Gymnasium. Nachdem sein Vater im Jahre 1895 als Nachfolger von August Kundt auf den Lehrstuhl für Ex-

---

[1]) Im folgenden unter Auslassung des zweiten Rufnamens: Otto Warburg, wie er in die Literatur eingegangen ist. Es sei daher aber auch ausdrücklich auf einen weiteren Biologen namens Otto Warburg (1859–1938), einen fernen Verwandten, verwiesen, da mitunter Lebensdaten beider in Bibliotheken, ja selbst in Archiven und biographischen Würdigungen verwechselt werden. Der um 24 Jahre ältere Namensvetter war Botaniker, promovierte 1883 in Straßburg und wirkte später als Privatdozent (ab 1891) und außerordentlicher Professor für Tropenackerbau (1921–1933) teilweise zeitgleich mit Otto Heinrich Warburg an der Berliner Universität. Bekannt wurde er vor allem durch sein 1900 einsetzendes, aktives zionistisches Engagement.

2 Emil Warburg – Experimentalphysiker, Begründer der quantitativen Photochemie (Universitätsbibliothek Berlin, Porträtsammlung)

perimentalphysik an die Berliner Universität berufen worden und die Familie in die Metropole übergesiedelt war, wurde der elfjährige Otto Schüler des humanistischen Friedrichs-Werderschen Gymnasiums, das sich damals in der Dorotheenstraße (heute Clara-Zetkin-Straße)/Ecke Planckstraße befand, wo jetzt das Internationale Handelszentrum steht.

Im Gegensatz zu den Abiturienten der fortschrittlicheren, naturwissenschaftlich-technisch orientierten Oberrealschulen, an denen Mathematik und Naturwissenschaften 31 % und moderne Fremdsprachen (Französisch und Englisch) ca. 28 % der Unterrichtsstunden einnahmen (Stand 1901), erhielten die Absolventen der Realgymnasien und insbesondere der vorherrschenden humanistischen Gymnasien, die 1900 noch 72 % der Berliner Abiturienten stellten, eine in traditionell-konservativen Konzepten verhaftete, vordergründig altsprachlich orientierte Ausbildung. 40 % Latein- und Griechischunterricht (Stand 1901) standen nur 13 % Mathematik- und 7 % naturwissenschaftliche Stunden gegenüber [53]. So hatte auch der junge Otto täglich zwei bis zweieinhalb Stunden

Latein und Griechisch zu absolvieren, während nur jeden dritten Tag eine Stunde naturwissenschaftlicher Unterricht erteilt wurde. Zudem wurden außerordentlich hohe Anforderungen an die Disziplin der Schüler gestellt. So forderte man beispielsweise von den Abiturienten der oberen Klassenstufen, daß sie täglich für mindestens drei Stunden Hausarbeit zu leisten hätten.

Am 27. September 1901 legte Otto Warburg die Reifeprüfung ab und verließ die Schule mit dem Studienwunsch „Naturwissenschaften" [57, S. 19; 58, S. 107], was ihn von der Mehrzahl seiner Mitschüler unterschied, die zum großen Teil eine geisteswissenschaftliche akademische Ausbildung wählten bzw. sich direkt für Medizin oder eine der Naturwissenschaften entschieden – ein vielleicht kleiner Hinweis auf die bereits breiter angelegten Interessen des künftigen Studenten. Maßgebliche Impulse hierfür dürfte er im Elternhaus erfahren haben, das ihm einen sehr anregenden Kontakt zu führenden Berliner Wissenschaftlern und Künstlern der damaligen Zeit ermöglichte. Die regelmäßig gepflegte häusliche Kammermusik seines Vaters, eines vorzüglichen Klavierspielers, im Kollegenkreis trug auch zur musischen Bildung bei. Otto lernte übrigens das Violinspiel, gab es allerdings auf, als er die Perfektion des Vaters als für sich unerreichbar erachtete.

Emil Warburg, der 1905 nach Friedrich Kohlrausch zum Präsidenten der Physikalisch-Technischen Reichsanstalt in Charlottenburg (bis 1922) avancierte, hatte ein offenes, gastfreundliches Haus, so daß Otto berühmte „Sterne der Naturwissenschaften" [B 58], von denen die meisten eng mit der Universität verbunden waren, persönlich kennen und schätzen lernte. Dazu gehörten: die Chemiker Emil Fischer und Fritz Haber, die Physikochemiker und Physiker Albert Einstein, James Franck, Max von Laue, Walther Nernst, Max Planck und Jacobus Henricus van't Hoff, der Physiologe Theodor Wilhelm Engelmann und andere. Später studierte der junge Warburg auch bei einigen von ihnen.

Von ihnen allen lernte ich Physik und Chemie, vor allem Chemie in dem Laboratorium von Emil Fischer, physikalische Chemie in dem Laboratorium von Nernst und Physik im Strahlungslaboratorium der Reichsanstalt, wo ich unter Leitung meines Vaters Quantenausbeuten photochemischer Reaktionen gemessen habe. [B 58, S. 94f.]

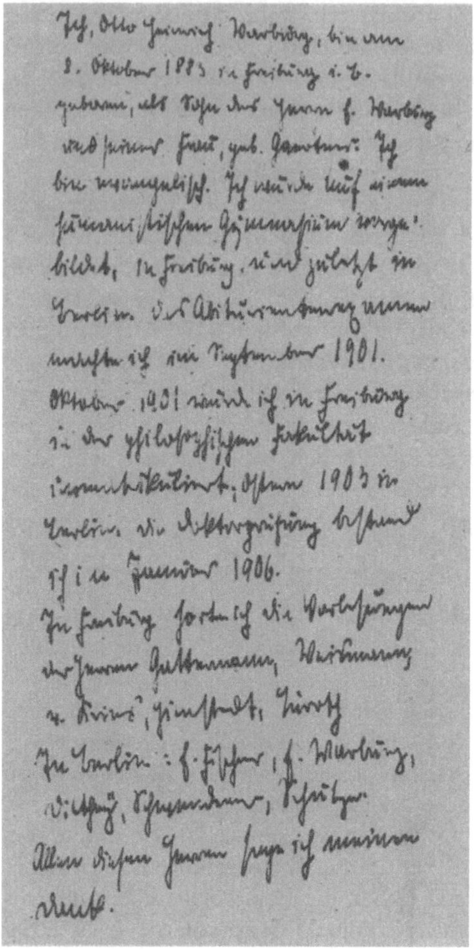
Ich, Otto Heinrich Warburg, bin am 8. Oktober 1883 in Freiburg i. B. geboren, als Sohn des Herrn E. Warburg und seiner Frau, geb. Gaertner. Ich bin evangelisch. Ich wurde auf einem humanistischen Gymnasium vorgebildet, in Freiburg, und zuletzt in Berlin. Das Abiturientenexamen machte ich im September 1901. Oktober 1901 wurde ich in Freiburg in der philosophischen Fakultät immatrikuliert; Ostern 1903 in Berlin. Die Doktorprüfung bestand ich im Januar 1906.
In Freiburg hörte ich die Vorlesungen der Herren Gattermann, Weismann, v. Kries, Himstedt, Lüroth.
In Berlin: E. Fischer, E. Warburg, [illegible], Schwendener, [illegible].
Allen diesen Herren sage ich meinen Dank.

3 Handgeschriebener Lebenslauf Warburgs aus dem Jahre 1906 [B 2, Bl. 205]

Noch im Oktober 1901 erfolgte Warburgs Immatrikulation an der Philosophischen Fakultät der Universität seiner Geburtsstadt Freiburg im Breisgau, wo er für drei Semester Naturwissenschaften, insbesondere Chemie studierte [70], womit, wie er einmal sagte, seine „Lehr- und Wanderjahre" [A 26, S. 1] ihren Anfang nahmen. In seinem Promotionsantrag verwies er auf Gattermann, Weismann, von Kries, Himstedt und Lüroth, deren Vorlesungen er hörte (Abb. 3). Warburg sprach später mehrfach von seiner Dankesschuld seinen Universitätslehrern gegenüber und antwortete auf die Frage nach dem wichtigsten Ereignis für seine Entwicklung zum Forscher:

Die erste Begegnung mit dem Genius im richtigen Augenblick. Für mich war es das Zusammenleben mit meinem Vater, dem Physiker Emil Warburg, und die Begegnung mit dem Chemiker Emil Fischer. (vgl. [B 8, S. 306])

Hiervon ausgehend wurde in Arbeiten über Otto Warburg der grundlegende und richtungsweisende Einfluß seiner akademischen Lehrer auf Emil Warburg, Fischer und wenige andere reduziert. Ohne ihre außerordentliche Bedeutung für Warburgs Entwicklung schmälern zu wollen, werden Richtung und Gegenstand der Forschung des jungen Warburg aber erst voll verständlich, geht man der Stellung und Wirkung weiterer Hochschullehrer nach, die ihn in seinen Universitätsjahren mehr oder weniger beeinflußten.
Der Professor der Chemie und Technologie Ludwig Gattermann, erst seit dem Jahr vor Warburgs Studienantritt an der Freiburger Universität, wurde als ungewöhnlich geschickter Experimentator gerühmt. Seine 1894 erschienene „Praxis des organischen Chemikers" wird noch heute in organisch-präparativen Hochschulpraktika genutzt. Bei Kenntnis Warburgs späterer Verdienste um die Manometrie ist es von großem Interesse, daß Gattermann in seinen Vorlesungen und Praktika zur Experimentalchemie in besonderem Maße auf die Gasanalyse einging [70].
Bereits seit 1873 wirkte August Weismann als Ordinarius für Zoologie in Freiburg. Er hatte in erster Linie über Keimesentwicklung, unter anderem an Seeigeleiern, gearbeitet und galt neben Ernst Haeckel als einer der konsequentesten Verfechter des Darwinismus in Deutschland. Seine Freiburger „Schule der Entwicklungsphysiologie" wurde später (ab 1919) durch Hans Spemann sehr erfolgreich fortgeführt (vgl. [14, S. 455]. Warburg zeigte besonderes Interesse an Weismanns Vorlesungen über die Deszendenztheorie (Evolutionstheorie; vgl. [B 56]).
Als Professor für Physiologie der Medizinischen Fakultät war Johannes von Kries in Freiburg tätig. Er hatte bei Hermann Helmholtz in Berlin und Carl Ludwig in Leipzig gearbeitet. Folglich

wiesen ihn seine reiz- und sinnesphysiologischen Arbeiten als Vertreter der „physikalischen Physiologie" aus.
Aus der Freiburger Studienzeit wären ferner noch der Physiker Franz Himstedt, der 1895 Emil Warburg auf dessen Lehrstuhl gefolgt war, und der Mathematiker Jakob Lüroth zu nennen. Otto Warburg

lagen schon damals physikalisch-chemische Betrachtungen, was mir als Ausnahme auffiel. Denn es gab in Freiburg zwar zwei Institute für die gesamte anorganische und organische Chemie, ... aber keinen speziellen Lehrstuhl für Physikalische Chemie. [B 56, S. 629]

Letzteres war sicher neben der Anziehungskraft eines Emil Fischer einer der Gründe, daß er zu Ostern 1903 an die Berliner Universität überwechselte, wo er bei Emil Fischer, Emil Warburg, Dilthey, Schwendener und Schulze Vorlesungen besuchte (Abb. 3). In Berlin studierte Warburg bis August 1905 fünf Semester Chemie, widmete sich dann im Winterhalbjahr 1905/06 aber bereits dem Studium der Medizin [70]. Zur Jahrhundertwende war der Neubau des I. Chemischen Institutes in der Hessischen Straße fertiggestellt worden und nahm fortan, wie Fischer feststellte, „den Vorrang vor fast allen chemischen Instituten der Welt" ein (vgl. [19, S. 55]). Es wurde unter seiner Leitung zum „Nonplusultra der neuzeitlichen Chemieinstitute" [47, S. 326]. Hatte Fischer zuvor äußerst erfolgreich über Purinkörper und Kohlenhydrate, insbesondere Zucker gearbeitet, wofür er 1902 den Nobelpreis für Chemie erhielt, so wandte er sich in jenen Jahren der Eiweißchemie zu. Durch seine Entdeckungen neuer Aminosäuren (Valin, Prolin und Hydroxyprolin 1901/02), seine Aminosäure- und Peptidsynthesen sowie den hydrolytischen Abbau von Proteinen wurde er zum „Vater der Peptidchemie" (vgl. [34, S.37ff.]). Warburg war von Fischers Persönlichkeit, seiner Leistung als Hochschullehrer und Forscher begeistert und stand sein Leben lang in ihrem Bann. Noch 60 Jahre später schrieb er:

Das wichtigste in der Laufbahn eines jungen Naturwissenschaftlers ist der enge Kontakt mit den großen Gelehrten seiner Zeit. Das erlebte ich, nachdem Emil Fischer mich 1903 als Mitarbeiter auf dem Gebiet der Eiweißchemie, die zu jener Zeit auf der Höhe ihrer Entwicklung stand, eingestellt hatte. In den folgenden drei Jahren sah ich Fischer beinahe täglich, und unter seiner Anleitung synthetisierte ich zum ersten Mal optisch-aktive Peptide. [A 26, S. 1]

Warburgs spätere Hinwendung zu den Biokatalysatoren der Zellatmung wurde entscheidend durch Fischer gefördert. Aber auch dessen Arbeitsstil wurde für ihn maßgebend. Er leitete sein Institut „mit despotischer Strenge" [34, S. 49]. Auch Warburg, der in der ersten Zeit am Chemischen Institut mitunter Genius vor Fleiß gesetzt haben soll und „als junger Mann aus gutem Hause ... wohl eher daran interessiert [war], seine riesige und hochedle Dogge im Tiergarten auszuführen" [B 12, S. 28], bekam Fischers Unnachgiebigkeit zu spüren. So hatte er sich zur Identifizierung von aus Brompropionsäure synthetisiertem Alanin mit nicht mehr als der bereits aus der Literatur bekannten spezifischen Drehung begnügt, worauf Fischer ihm energisch „auf die Füße getreten" haben soll. Nach mehrfacher Umkristallisation des entsprechenden Salzes („nicht weniger als 20 mal unter besonderen Vorsichtsmaßregeln") erhielt er dann auch einen um mehr als das Dreifache höheren Wert der nunmehr reinen Aminosäure [56, S. 126]. An anderer Stelle wird berichtet, daß Fischer, als Warburg eine bereits achtmal rekristallisierte Verbindung vorwies, ihn aufforderte: „Machen Sie nun noch 25 mal mehr weiter!" (vgl. [B 15, S. 173]) „Es ging um Verläßlichkeit, Geradheit, Ehrgefühl, Lauterkeit, Verantwortungsbewußtsein und Selbstdisziplin." [B 49, S. 10]
In ähnlicher Weise wie an Fischer orientierte sich der Student Otto Warburg auch an der Arbeitsweise seines Vaters Emil Warburg, der an der Universität die Experimentalphysik vertrat und gerade in jenen Jahren die quantitative Photochemie begründete, „da er große experimentelle Schwierigkeiten nicht scheute, um theoretisch gut übersehbare Prozesse studieren zu können" [11, S. 997]. Bei ihm lernte sein Sohn die Methoden der Strahlenphysik kennen. Bekannt war er vor allem durch sein Lehrbuch der „Experimentalphysik" geworden.

Das Buch ist typisch für Warburgs eigene Auffassungen von der Wissenschaft, die er auch bei seinen Schülern als eine Selbstverständlichkeit voraussetzte. Wer sich nicht mit Haut und Haaren der Wissenschaft verschreibt, der soll nur die Finger davon lassen. [11, S. 995]

An der Philosophischen Fakultät besuchte Warburg des weiteren Vorlesungen des Philosophen Wilhelm Dilthey, des Botanikers Simon Schwendener sowie des Zoologen Franz Eilhard Schulze.

Die idealistische Lehre Diltheys stand durch ihren verschwommenen Irrationalismus in dem Ruf, „abstrus“ zu sein (vgl. [64, S. 553]), und dürfte dem nach Exaktheit strebenden Warburg sicher kaum behagt haben. Demgegenüber waren Schwendener und Schulze für ihre induktive, kausalanalytische Betrachtungsweise in der biologischen Forschung bekannt. War ersterer ein herausragender Vertreter der allgemeinen Botanik und durch seine vergleichend-morphologischen und mikroskopisch-anatomischen Untersuchungen zum Begründer der physiologischen Pflanzenanatomie geworden, so stand letzterer mehr in der Tradition der klassischen Systematik. Evolutionistische vergleichende Anatomie und experimentelle Entwicklungsphysiologie wurden vor allem am Anatomisch-Biologischen Institut der Medizinischen Fakultät unter dem Zoologen Oskar Hertwig betrieben.

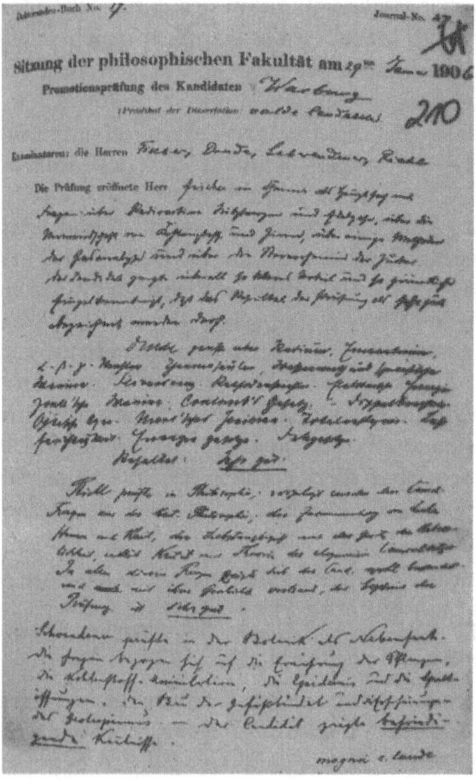
Sitzung der philosophischen Fakultät am 29. Jan. 1906
Promotionsprüfung des Kandidaten Warburg
210

4 Protokoll der Promotionsprüfung des Kandidaten Warburg am 29. Januar 1906 [B 2, Bl. 210]

Ende 1905 reichte Otto Warburg seine unter Fischer erarbeitete Dissertation „Über Derivate des Glycocolls, Alanins und Leucins. Über die l-Brompropionsäure und das l-Alanylglycin“ ein [A 1], worin er sich mit der Bildung optisch-aktiver Peptide und ihrer katalytischen Hydrolyse befaßte, und meldete sich zum Rigorosum mit Chemie als Hauptfach und Philosophie, Botanik und Physik als Nebenfächer an. Die Doktorprüfung bestand er im Januar 1906 mit Erfolg, wobei es kurios ist, daß er neben seinen sehr guten Leistungsnachweisen in Chemie, Physik und Philosophie ausgerechnet auf dem Gebiet der „Kohlenstoffassimilation“, der er sich in seiner späteren Forschungsarbeit zuwandte, nur lückenhafte Kenntnisse durch Schwendener testiert bekam (Abb. 4). Am 17. März 1906 promovierte er schließlich zum Dr. phil. (Abb. 5). Bereits im Gutachten zu seiner Dissertation von Emil Fischer und Walther Nernst wird die Voraussetzung seiner künftigen Erfolge charakterisiert: „Die ganze Arbeit ist mit großem Verständnis für

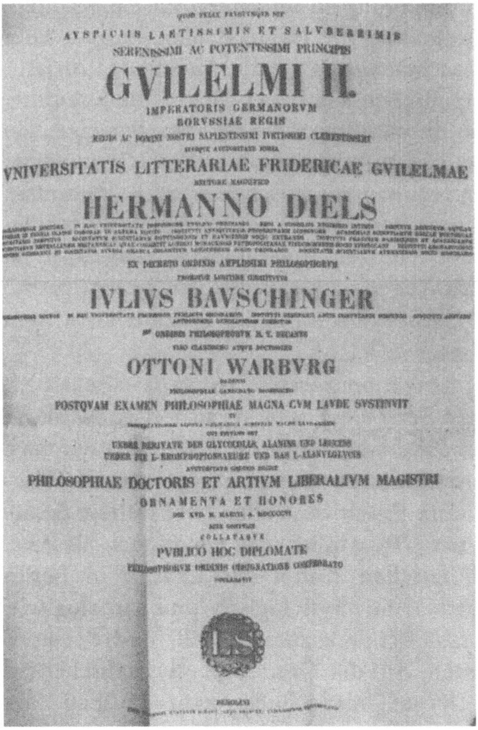
AVSPICIIS LAETISSIMIS ET SALVBERRIMIS
SERENISSIMI AC POTENTISSIMI PRINCIPIS
GVILELMI II.
IMPERATORIS GERMANORVM
BORVSSIAE REGIS
VNIVERSITATIS LITTERARIAE FRIDERICAE GVILELMAE
HERMANNO DIELS
IVLIVS BAVSCHINGER
OTTONI WARBVRG
POSTQVAM EXAMEN PHILOSOPHIAE MAGNA CVM LAVDE SVSTINVIT
PHILOSOPHIAE DOCTORIS ET ARTIVM LIBERALIVM MAGISTRI
ORNAMENTA ET HONORES
COLLATAQVE
PVBLICO HOC DIPLOMATE
L. S.

5 Warburgs Promotionsurkunde zum Dr. phil. der Friedrich-Wilhelms-Universität Berlin vom 17. März 1906 [B 2, Bl. 231]

alle theoretischen Fragen und mit vielem Geschick in der Ueberwindung experimenteller Schwierigkeiten durchgeführt."[B 2, Bl. 209]

In seinem letzten Jahr bei Fischer (1905) trat Warburg erstmals mit vier Publikationen an die Öffentlichkeit, die den Auftakt für eine Folge von über 500 weiteren darstellten (Übersicht der Schriften Warburgs s. [B 42, S. 134–161]). An ihnen wird nachvollziehbar, wie er „reine" chemische und physikalische Fragestellungen recht schnell verließ und auf der Suche nach geeigneten Anwendungsgebieten zunehmend medizinischen, zoologischen und botanischen Boden betrat. Wie schon erwähnt, wechselte er in seinem letzten Halbjahr an der Universität Berlin, während an der Philosophischen Fakultät noch sein Promotionsverfahren lief, zur Medizinischen Fakultät und nahm bereits hier, was wenig bekannt ist, ein Zweitstudium der Medizin auf. Auch an der Medizinischen Fakultät stand die naturwissenschaftliche Forschung auf der Höhe der Zeit. In Anlehnung an die stoffwechselphysiologischen Arbeiten des Ordinarius für Hygiene Max Rubner zum Wärmehaushalt des Menschen wurde gerade Anfang des 20. Jahrhunderts in der II. Medizinischen Klinik der Charité die Kalorimetrie stark ausgebaut. Die Entwicklung weiterer Spezialzweige, wie z. B. der Röntgenologie, Elektrokardiographie oder Hämatologie, auf der Grundlage jüngster naturwissenschaftlicher Erkenntnisse machten diese Klinik unter Friedrich Kraus zu einem führenden Zentrum der damals noch jungen funktionellen Diagnostik in Deutschland. Besonderes Augenmerk galt der Stoffwechselpathologie (vgl. [46, S. 166]). Auch Robert Koch gehörte noch zum Lehrkörper der Medizinischen Fakultät.

Trotz dieser Berliner Attraktionszentren naturwissenschaftlich fundierter medizinischer Forschung wandte sich Otto Warburg unmittelbar nach seiner Promotion noch im Frühjahr 1906 nach München, um dort bei dem Internisten und Direktor der II. Medizinischen Universitätsklinik Friedrich Müller zwei weitere Semester Medizin zu studieren [70]. Müller, der zuvor auch als Assistent an der II. Medizinischen Klinik der Charité in Berlin gearbeitet hatte, war durch seine physiologisch- und pathologisch-chemischen Arbeiten, insbesondere zum Eiweiß- und Fettstoffwechsel bekannt geworden. Auf der Grundlage physikalischer Erkenntnisse hatte er ferner maßgeblich zum Ausbau der medizinisch-klinischen Diagnostik beigetragen [5]. Müller entstammte der Münchener „Voitschen Stoffwechselschule", „deren Ziel es war, das Gebiet des tierischen Stoffwechsels durch Entwicklung genauer Methoden einer exakten Analyse zu erschließen" [36, S. 182]. Auch Carl Voit, der noch bei Liebig und Wöhler studiert hatte und als klassischer Vertreter der „chemischen Physiologie" galt, lehrte zu dieser Zeit noch an der Isar.

Die Münchener Universität der Jahre 1906/07 war aber in erster Linie durch den Ruf ihrer Philosophischen Fakultät weltberühmt. Dort wirkten als Ordinarien noch der hochbetagte Botaniker Ludwig Radlkofer und der altehrwürdige Chemiker Adolf von Baeyer, des weiteren die Physiker Wilhelm Conrad Röntgen und Arnold Sommerfeld, der Botaniker Karl Goebel sowie der Zoologe Richard Hertwig. Unter Hertwig und den beiden Privatdozenten für Zoologie und vergleichende Anatomie Franz Doflein und Richard Goldschmidt war in München eine bedeutende wissenschaftliche Schule der Entwicklungsphysiologie entstanden, von der für die Embryologie, experimentelle Cytologie und Protozoologie Arbeiten von Weltgeltung ausgingen (vgl. [14, S. 495]). Auch Goebel hatte sich ab 1900 verstärkt entwicklungsphysiologischen Themen (auf pflanzenanatomischer Grundlage) zugewandt. Von Baeyer, einst „Doktor-Vater" von Emil Fischer, war einer der bedeutendsten Organiker Deutschlands. Seit 1904 forschte an seinem Institut auch der Privatdozent für Chemie Heinrich Wieland, der sich künftig wie Warburg mit biologischen Oxidationen beschäftigen sollte.

Im Vergleich dazu stand die Medizinische Fakultät der Universität München hinter der Anziehungskraft und Ausstrahlung der naturwissenschaftlichen Institute zurück. Obwohl die naturwissenschaftliche Fundierung exakter medizinischer Forschung den Ambitionen Warburgs entsprach, erhielt er aber wahrscheinlich durch den schon greisen Voit, der bereits über 40 Jahre (seit 1863) die Geschicke der Münchener Physiologie leitete, nicht mehr die erhofften Anregungen, und Friedrich Müller hatte sich in München zunehmend von stoffwechselphysiologischen Themen abgewandt, um sich verstärkt der inneren Medizin zu widmen. Seine eigentliche medizinische Heimstatt fand Warburg daher erst nach einem erneuten Universitätswechsel.

Nach einer Pause von einem Semester setzte Warburg sein Medizinstudium vom Herbst 1907 bis zum Sommer 1911 in Heidelberg fort. Zwischenzeitlich unterbrach er zweimal das Studium (1908 und 1909/10), um außerhalb der Universität arbeiten zu können (s. S. 161) [70]. Im Ergebnis zweier Lehrstuhl-Neubesetzungen war die Medizinische Fakultät Heidelbergs im Begriff, unter die ersten Anstalten physiologischer Forschung und Lehre in Deutschland aufzurücken.

Mit Albrecht Kossel war 1901 ein Schüler Hoppe-Seylers und ehemaliger Mitarbeiter Du Bois-Reymonds zum ordentlichen Professor für Physiologie berufen worden, und mit Ludolf von Krehl, der in der Leipziger Physiologenschule Carl Ludwigs an funktionelle medizinische Untersuchungen herangeführt worden war, kam 1907, im Jahre von Warburgs Immatrikulation, einer der bedeutendsten Kliniker jener Zeit auf den Lehrstuhl für Spezielle Pathologie und Therapie.

Kossel hatte sich der Zellchemie verschrieben und insbesondere die Analyse der Zellkern- und Chromosomensubstanzen zur Lebensaufgabe gemacht. Zwischen 1879 und 1903 war ihm die Entdeckung der organischen Basen Adenin, Guanin, Thymin, Cytosin und Urazil als Grundbausteine der Nukleinsäuren gelungen. Für seine Arbeiten über Proteine und Nukleinsäuren in der Kernsubstanz, die er in Heidelberg erfolgreich fortsetzte, erhielt er 1910 den Nobelpreis. An seiner neuen Wirkungsstätte widmete Kossel sich vorrangig dem Zusammenhang zwischen chemischer Konstitution und biologischer Wirksamkeit. Mit den Histonen und Protaminen entdeckte und klassifizierte er eine neue Stoffgruppe [48]. „Als einer der ersten sah er voraus, in welchem breiten Umfang Physik und Chemie zur Klärung der Grundfragen der Biologie und zur Erkenntnis der Vorgänge im gesunden und kranken Organismus beizutragen imstande sind." [39, S. 127]

Neben Kossel, diesem klassischen Repräsentanten der Physiologischen Chemie, war mit Krehl ein anerkannter Internist und Pathophysiologe für Heidelberg gewonnen worden, der auch die klinische Medizin als „exakte Naturwissenschaft" auffaßte. Sein Lehrbuch „Pathologische Physiologie" wurde von dem Gedanken getragen, „daß die Erkennung und Behandlung aller derjenigen Krankheitsfälle, welche nicht in allem dem Schulbilde gleichen, nur möglich ist, wenn ein Verständnis für den Ablauf der gestörten Funktion erstrebt wird" [50, S. 734]. Folglich zeichnete sich seine Medizinische Klinik durch eine starke experimentell-theoretische Durchdringung der Medizin, vor allem durch naturwissenschaftliche Grundlagenforschung für die klinische Medizin aus. „Die für die biologischen Probleme lebendige, überlegene Aufgeschlossenheit eines Ludolf Krehl mit seiner vielseitigen Medizinischen Klinik" [B 56, S. 629] war für Warburg äußerst anziehend und fruchtbar. Von Krehl lernte er die „Wissenschaft vom Leben" [A 26, S. 1]. Hier fand er Erfahrungen, Interessen, Bedingungen und Partner vor, die ihm ein breites interdisziplinäres Wirkungsfeld eigener Wahl sicherten.

Dazu ist auch der enge Kontakt zur Naturwissenschaftlich-mathematischen Fakultät zu rechnen, die um diese Zeit in Heidelberg schon selbständig neben der Philosophischen Fakultät bestand. Dort wirkten unter anderem der Chemiker Theodor Curtius, der Physiker Philipp Lenard und der Zoologe Otto Bütschli. Curtius hatte als glänzender Experimentator Pionierarbeit zur Eiweißsynthese geleistet und widmete sich hauptsächlich den Diazoverbindungen. Bütschli, bei dem z. B. auch Goldschmidt studiert hatte, arbeitete entwicklungsgeschichtlich mit besonderem Interesse am zellulären Plasma und hatte durch seine Protozoenforschung (1878–1885) zur Herausbildung der Mikrobiologie beigetragen. An seinem Institut lehrte und forschte der außerordentliche Professor für Zoologie Curt Herbst, der 1919 auch die Nachfolge Bütschlis antrat. Herbst, der bei Haeckel studiert und sich 1901 in Heidelberg habilitiert hatte, war es vor allem, der Warburg im experimentellen Umgang mit zoologischen Objekten unterwies und ihm seine praktischen entwicklungsphysiologischen Erfahrungen vermittelte. Er hatte in jungen Jahren an der Zoologischen Station Neapel bei Untersuchungen über den Einfluß der Bestandteile des Meereswassers auf die Formbildung der Seeigellarve die Bedeutung der Ionen für die Morphogenese entdeckt.

Es dürfte in erster Linie Herbst gewesen sein, der Warburg für Arbeitsaufenthalte an der Neapler Meeresstation einnahm, die dem angehenden Biochemiker günstiges Lebendmaterial für seine medizinische Dissertation bot. Mit der Arbeit „Über die Oxydationen in lebenden Zellen nach Versuchen am Seeigelei" [A 2], die er allerdings aus uns unbekannten Gründen nicht bei Krehl, wie oft angenommen, sondern bei dem Pharmakologen Rudolf Gott-

lieb anfertigte (vgl. [B 23]), promovierte er am 7. August 1911 zum Dr. med. Das Studium der Medizin hatte Warburg übrigens nach einem Sonderstudienplan absolviert, der eine Approbation als Arzt ausschloß. Bereits ein Jahr nach seiner zweiten Promotion habilitierte er sich schließlich mit der Schrift „Über die energieliefernden Reaktionen in lebenden Zellen“ [A 3]. Mit diesen beiden Arbeiten hatte er sein Lebenswerk in Angriff genommen.
Seine Forschungen wurden vom Etat der Medizinischen Klinik getragen. Ein Teil der Arbeiten in Heidelberg und Neapel konnte auch durch Stipendien der Berliner Jagor-Stiftung finanziert werden (s. S. 133). Bereits 1909 einmal kurz als „Assistent am Laboratorium“ tätig, wurde Warburg im Frühjahr 1910 wissenschaftlicher Assistent bei Krehl, womit er neben den üblichen klinischen Assistenzärzten eine Sonderstellung zugebilligt bekam [70]. In diese Zeit (1910–1912) fällt auch der Auftakt seiner fruchtbaren Zusammenarbeit mit Otto Meyerhof, der anfangs noch an der Klinik des bekannten Psychiaters und Neurologen Franz Nissl seinen psychologischen Neigungen nachging und sich erst nach der Begegnung mit Warburg für die Zellphysiologie entschied. Nach seiner Habilitation und einer Probevorlesung „Über die Wirkung der Struktur auf chemische Vorgänge in Zellen“ (6. 12. 1912) [A 4] trat Warburg als Privatdozent der Physiologie in den Lehrkörper der Medizinischen Fakultät der Universität Heidelberg ein und las über die „Physiologie der Zelle“. Aber bereits zum Wintersemester 1913/14 ließ er sich beurlauben und schied Mitte 1914 wieder gänzlich aus [70], da sich ihm in Berlin ein neues, vielversprechendes Wirkungsfeld bot.
Während der sieben Heidelberger Jahre publizierte Warburg etwa 30 Arbeiten, die sich mit der Energetik des Wachstums und Grundfragen der Zellatmung befaßten. Er ermittelte den Einfluß der Befruchtung auf den Sauerstoffverbrauch des Seeigeleies und machte bereits 1908 die grundlegende Entdeckung, daß der Sauerstoffverbrauch mit Beginn des Wachstums nach der Befruchtung bis auf das Sechsfache ansteigen kann (Abb. 6). In den Folgejahren wurden Seeigeleier zum Paradeobjekt seiner zellenergetischen Untersuchungen. 1914 zeigte Warburg, daß die Zellstruktur von Seeigeleiern weitgehend zerstört werden kann, ohne daß die Atmung verlangsamt wird. Nach diesem Befund konnte mit der Eiatmung wie mit einer chemischen Reaktion im Reagenzglas experi-

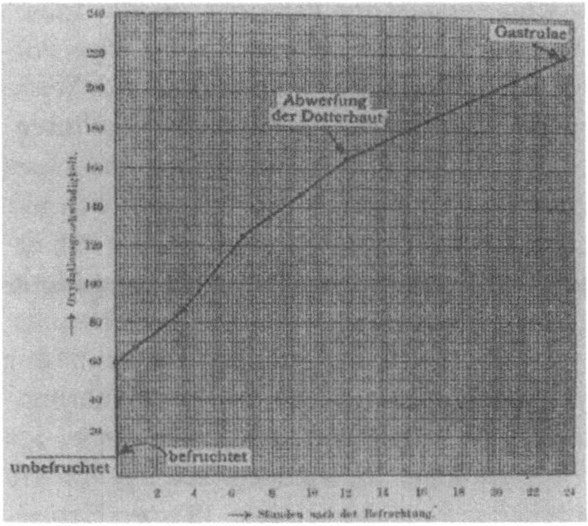

6 Die Zunahme der Oxydationsgeschwindigkeit nach der Befruchtung von Seeigeleiern (O_2-Verbrauch in mm^3/20 min u. 20 mg Ei-Stickstoff) [A 17, S.327]

mentiert werden, was die Wirkung zellfremder Substanzen auf die Zellatmung maßgeblich erhellte.
Aus unserer heutigen retrospektiven Sicht ist daher die Frage von Interesse, wer und was den jungen Warburg zur Wahl dieses „ungewöhnlichen" Versuchsobjektes inspirierte, schlug er doch damit den richtigen Weg zu den Katalysatoren der Zellatmung ein. Um die Jahrhundertwende hätte sich die Frage nach der Außergewöhnlichkeit der zu den Stachelhäutern *(Echinodermata)* zählenden Seeigel *(Echinoidea)* nicht so gestellt, standen doch die Seeigel neben anderen Meeresbewohnern wie den Hohltieren *(Coelenterata)* oder den Pfeilwürmern *(Chaetognatha)* oder aber auch wie die Spulwürmer *(Ascaridoidea)* als vorteilhafte Versuchsobjekte in einer langen Tradition biologischer Forschung (vgl. [14, S. 359]). Mehr als 50 Jahre zuvor hatte der Berliner Physiologe Johannes Müller mittels seiner vergleichend-morphologischen Methode die Larvenstadien der Seeigel und anderer Stachelhäuter entdeckt (1846–1855). In der Folgezeit gestatteten gerade die Seeigeleier und -keime eine Reihe bedeutsamer Erkenntnisse über Befruchtung, Keimesentwicklung und -differenzierung sowie dabei auftretende Regulationsmechanismen. So erkannte der Haeckel-Schüler Oskar Hertwig am Seeigel (1875) fast gleichzeitig wie der Botaniker Eduard Strasburger an Pflanzen, daß der eigentliche Befruchtungsvorgang auf einer Verschmelzung geschlechtlich verschiedener Zellen und ihrer Kerne beruht. Sein Bruder, Richard Hertwig, förderte insbesondere durch die Anregung, den Einfluß

„äußerer" mechanischer und chemischer Faktoren auf die Eientwicklung der Seeigel zu untersuchen, die embryologische Forschung. Dessen Schüler Max Hartmann wiederum fand Wirkstoffe, die die Vereinigung von Ei- und Samenzelle regulieren. Auch die Entwicklungsphysiologen August Weismann und Hans Driesch oder der Cytogenetiker Theodor Boveri befaßten sich mit experimentellen Studien an Seeigeleiern und -keimen, die zur Erforschung der Ontogenese bzw. artspezifischen Organ- und Merkmalsausbildung beitrugen. Die Wahl dieses vielseitigen Versuchsobjektes hatte mithin entscheidend zu den Fortschritten der Zelltheorie und Embryologie im letzten Drittel des 19. Jahrhunderts beigetragen. Und in dem Maße, wie sich gegen Ende des 19. Jahrhunderts die Zellphysiologie im Rahmen der Physiologie als selbständiger Wissenschaftszweig abzeichnete, führten Experimente an Seeigeleiern auch zur Klärung biochemischer, insbesondere zellenergetischer Fragestellungen.
Die Vorzüge der Eier der stets getrenntgeschlechtlichen Seeigel als Studienobjekte bestehen in ihren makroskopischen Ausmaßen (Ø bis zu 0,5 mm), der relativen Unkompliziertheit einer künstlichen Befruchtung sowie der verhältnismäßig schnellen Entwicklung der befruchteten Eizellen pro Zeiteinheit. Ferner ist die Masse lebender Substanz in Relation zum Eidotter ziemlich groß (im Gegensatz beispielsweise zum Hühnerei), was für quantitative Messungen bedeutungsvoll ist; und bereits seit den ersten Arbeiten der Gebrüder Hertwig ist ihre gute Beeinflußbarkeit durch „äußere Agentien" bekannt.
Otto Warburg nutzte für seine ersten Arbeiten (1908) Eier des Schwarzen Seeigels (*Arbacia pustulosa*, heute *A. lixula*), eines typischen Vertreters der felsigen Mittelmeerküsten, ging aber schon wenig später (1910) zu den widerstandsfähigeren Eiern von *Strongylocentrotus lividus* über. Mit seinen Versuchen knüpfte er unmittelbar an die Arbeiten von Herbst (s. S. 25), Jacques Loeb und E. P. Lyon an. Loeb, ein Pionier der amerikanischen Physiologie, hatte sich mit Zellteilungen befruchteter Seeigeleier in Abhängigkeit von äußeren Faktoren befaßt und bereits 1895 gefunden, daß die Teilungen aufhören, wenn man den Eiern den Sauerstoff entzieht. Von seiner Schule ging eine schon zur Jahrhundertwende biochemisch orientierte Richtung der Entwicklungsphysiologie aus. In der Abhandlung „Studies in general physiology" (1905) be-

handelte er Ei und Embryo als „physiko-chemisches System". Den Gaswechsel sich furchender Seeigeleier hatte im besonderen Lyon in den Mittelpunkt seiner Arbeiten (1904) gestellt, ohne jedoch quantitativ verwertbare numerische Angaben gemacht zu haben.

An allen Universitäten, wo er studierte, war Otto Warburg mit den dort tätigen Zoologen – Weismann, Freiburg; O. Hertwig, Berlin; R. Hertwig und Goldschmidt, München; Herbst, Heidelberg – in unmittelbaren Kontakt gekommen, die sämtlich mit Seeigeleiern und -keimen experimentiert hatten. Vor allem Curt Herbst machte ihn, wie schon erwähnt, mit den Echinoiden vertraut und führte ihn in ihre Behandlung im Labor ein (vgl. [A 13]).

Herbst gehörte neben O. Hertwig, Loeb, Boveri und Driesch zu den „Neapler Entwicklungsmechanikern", die bevorzugt die Möglichkeiten der deutschen Zoologischen Station in Neapel für ihre vergleichenden experimentell-embryologischen Studien an wirbellosen Tieren des Mittelmeeres nutzten. Die Station war bereits 1872 auf Initiative des Haeckel-Schülers Anton Dohrn eröffnet worden und hatte sich in nur wenigen Jahren zu einem internationalen Zentrum entwicklungsphysiologischer Forschung entwikkelt (vgl. [32], [14, S. 488]). 1901 wurde, dem Trend der Zeit folgend, begonnen, eine Physiologisch-chemische Abteilung an der Zoologischen Station zu errichten, unter deren Leiter, dem Organiker Martin Henze, schließlich auch Warburg zwischen 1908 und 1914 insgesamt fünfmal in Neapel arbeitete (s. Chronologie) und mit Seeigeleiern experimentierte [B 3].

Als Warburg studierte, war im wesentlichen bekannt, wie die Lebewesen mikroskopisch und makroskopisch gebaut sind. Von den höheren Tieren und dem Menschen wußte man darüber hinaus, was die einzelnen Organe leisten und wie sie allgemein im Gesamtorganismus zusammenwirken. Es war nachgewiesen, daß Lebensleistungen im wesentlichen auch Arbeitsleistungen sind und daß die Energie dafür den Nahrungsstoffen entstammt. Jedoch noch völlig ungeklärt war, wie es möglich ist, daß lebende Zellen ihre Energie aus chemisch so verschiedenen Stoffklassen wie Eiweißen, Kohlenhydraten und Fetten beziehen können. Obwohl bekannt war, daß der Abbau dieser energieliefernden Naturstoffe schrittweise erfolgt, konnte noch niemand etwas über die Anzahl der Schritte vom energiereichen Betriebsstoff zum energiearmen Stoffwechselprodukt sagen. Um die Klärung dieser Fragen machte sich Warburg nunmehr äußerst verdient.

Der Grundgedanke seiner Versuche bestand darin, daß bei der Bildung lebender Substanz während des Wachstums chemische Arbeit geleistet werden müsse, was sich in einem Anstieg der Geschwindigkeit der energieliefernden Prozesse widerspiegeln würde. Mit seinen Untersuchungen der Zellatmung verfolgte Warburg das Ziel, die Natur der Katalysatoren aufzuklären, die die lebende Substanz befähigen, Nährstoffe mit Luftsauerstoff zu verbrennen; sind doch unsere Nährstoffe außerhalb lebender Zellen bei physiologischen Temperaturen völlig beständig. Es war ihm möglich, an Moritz Traube anzuknüpfen, der bereits 1858 angenommen hatte, daß sauerstoffübertragende Substanzen und ein sauerstoffaktivierendes Ferment für die biologische Verbrennung bedeutsam wären, dies aber noch nicht experimentell beweisen konnte. Bald kam er auf eine Grundfrage der biologischen Energieübertragung, wie die Verwertung der durch Verbrennung freigewordenen Energie in den Geweben erfolgt. Dabei konnte er sich auf die Erkenntnisse von Adolf Fick (1893) stützen, wonach lebende Zellen keine „Wärmemaschinen" darstellen und Wärme als wesentliche Zwischenform der Energieübertragung auszuschließen war.

Die zwischen 1906 und 1914 durchgeführten Arbeiten begründeten Warburgs internationalen Ruf (Abb. 7). Es waren die Fragestellung und sensationellen Resultate Warburgs, die die Zellphysiologie fortschreiten ließen von der Betrachtung der Gesamtbilanz des Betriebsstoffwechsels hin zur Erforschung des Mechanismus der einzelnen energieliefernden Reaktionen. 1913 erhielt Warburg einen begeisterten Brief seines berühmten amerikanischen Kollegen Loeb aus New York, dessen Arbeiten er vielfach weitergeführt hatte und der ihm nun zu seinen Ergebnissen gratulierte. Durch Vermittlung von Warburgs Mutter gelangte dieses Anerkennungsschreiben, wohl ohne Zutun des Sohnes, in die Hände von Adolf von Harnack, des Präsidenten der 1911 gegründeten „Kaiser-Wilhelm-Gesellschaft zur Förderung der Wissenschaften" (KWG). Harnack leitete es an den Schriftführer der KWG weiter, der niemand anderes als Warburgs hochverehrter Lehrer Emil Fischer war. Fischer fand sich dadurch entscheidend

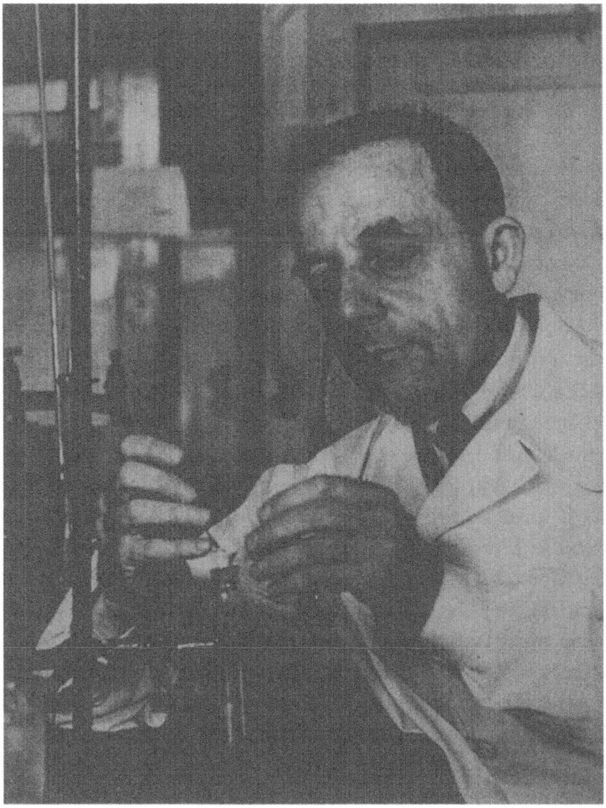

7 „Ich höre, daß Sie einer der begabtesten und hoffnungsvollsten jüngeren Biologen Deutschlands sind ..." (Albert Einstein, 1918)
Der junge Warburg im Labor, o.J. [B 13, S. X]

in seinem Ansinnen bestärkt, Warburg eine Anstellung am neugegründeten „Kaiser-Wilhelm-Institut (KWI) für Biologie" zu ermöglichen, was Theodor Boveri und Paul Ehrlich gleichfalls wärmstens befürworteten (vgl. [B 23, S. 301]).
Bereits 1912 hatte Boveri in einem Memorandum über das wissenschaftliche Profil des zu gründenden Instituts für Biologie auf Warburg aufmerksam gemacht. Es käme darauf an, für eine chemische Abteilung

auf's beste ausgebildete junge Leute zu finden, die sich bemühen wollen, den biologischen Untersuchungen, wie sie im Institut betrieben werden, chemische oder physikalisch-chemische Angriffsflächen abzugewinnen ... Arbeiten, wie sie Otto Warburg in Heidelberg ausgeführt hat, liegen in der Richtung, die mir hier vorschwebt. (vgl. [45, S. 249])

Von diesen Empfehlungen ließ sich der Senat der KWG leiten, dem erst dreißigjährigen Warburg noch im Jahre 1913 durch Fischer anzubieten, als „Mitarbeiter" am KWI für Biologie die Abteilung „Physiologie" zu übernehmen. Für Warburg ergab sich hier eine hervorragende Möglichkeit, seine in den traditionellen medizinischen Universitätseinrichtungen damals nur schwer zu realisierende Grundlagenforschung weiterzuverfolgen. Seine Zusage machte er davon abhängig, mit „marinen Tieren" und Bakterien am Institut chemisch arbeiten und dafür ein spezielles Labor einrichten zu können. Dies wurde ihm problemlos bewilligt. So trat Warburg am 1. April 1914 (lt. [B 23] 6. Juli) als „wissenschaftliches Mitglied" und Abteilungsleiter mit einem Jahresgehalt von 4000 Mark in die KWG ein (vgl. [B 23, S. 302]). Da das Institutsgebäude in Berlin-Dahlem noch im Bau war, nutzte er die Zeit für erste bolometrische Untersuchungen zum Quantenbedarf der Photosynthese im väterlichen Strahlungslaboratorium der Physikalisch-Technischen Reichsanstalt und für Arbeiten über Redoxpotentiale in lebenden Systemen, die er im Labor von Walther Nernst am II. Chemischen Universitätsinstitut ausführte. Durch den Ausbruch des Weltkrieges verzögerte sich dann aber die Übernahme seiner Aufgaben.
Mit seinem Ausscheiden in Heidelberg hatte sich Warburg noch im Juli 1914 nach Berlin umhabilitiert und zum Wintersemester 1914/15 als Privatdozent für physikalische Chemie und Biologie der Medizinischen Fakultät der Berliner Universität zur Verfügung gestellt. Obwohl er durch seine Anstellung in der KWG keinerlei Lehrverpflichtungen hatte, bemühte er sich darum, um sein Einkommen, das nach eigener Bekundung „zum Leben nicht genügte", aufzubessern (vgl. [B 23, S. 302]). Der Versuch, über Rubner ein Extraordinariat zu erlangen, scheiterte allerdings zu diesem Zeitpunkt. Erst im August 1921 wurde Warburg zum nichtbeamteten außerordentlichen Professor für Physiologie an die Medizinische Fakultät berufen [B 1]. Auf Vorschlag des Direktors des KWI für Biologie Carl Correns und mit Befürwortung von

Fischer und Harnack war er aber bereits im Dezember 1916 vom preußischen Kultusministerium zum Titularprofessor der KWG ernannt worden. 1923 zieht er sich jedoch plötzlich wieder vollends vom akademischen Lehrbetrieb zurück, sehr wahrscheinlich aufgrund seiner in dieser Zeit zugesicherten Anstellung in der KWG auf Lebenszeit, die mit einer Erhöhung seiner Bezüge verbunden war (s. S. 41).
Da vielfach behauptet wurde, Warburg sei nie als Universitätslehrer tätig gewesen, erscheint von Interesse, welcherart Lehrveranstaltungen er anbot. Er offerierte als sogenannte „privatissime et gratis gehaltene Vorlesungen", d. h. Übungen, in denen sich die Studenten selbst betätigen konnten: „Allgemeine Physiologie auf physikalisch-chemischer Grundlage" (1915), „Chemie und physikalische Chemie der Zelle" (1916), „Physiologie der Zelle" und „Wissenschaftliche Arbeiten auf dem Gebiete der Zellphysiologie für chemisch und physikalisch-chemisch Vorgebildete" (1916/17) sowie von 1919 bis 1923 „Wissenschaftliche Arbeiten auf dem Gebiet der Chemie und physikalischen Chemie der Zelle bzw. Zellphysiologie", und zwar bereits im KWI für Biologie [70]. Wenn er somit auch niemals reguläre, regelmäßige Vorlesungen vor Studenten gehalten hat und während der Kriegsjahre kaum in Berlin weilte, so hatte er sich doch um den direkten Kontakt zu Studierenden bemüht und letztlich insgesamt elf Jahre zum Lehrkörper der Universitäten Heidelberg und Berlin gehört. Es muß allerdings erwähnt werden, daß die „Privatissima" in Spezialgebieten in der Regel nur von bereits fortgeschrittenen oder besonders begabten Studenten besucht wurden, wofür sie zudem eine vorangegangene spezielle mündliche oder schriftliche Prüfung abzulegen hatten (vgl. [47, S. 346]). Es ist anzunehmen, daß Warburg einer möglichen Laufbahn als Hochschullehrer 1923 entsagte, als sich seine Tätigkeit als Abteilungsleiter der Kaiser-Wilhelm-Gesellschaft vielversprechend und zukunfsweisend gestaltete, zumal er sich später selbst einmal als „poor teacher and lecturer" [A 26, S. 1] bezeichnete.
Doch zuvor erfuhr auch Warburgs Werdegang durch den Weltkrieg eine tiefe Zäsur. Unmittelbar nachdem im August 1914 Deutschland an Rußland und Frankreich den Krieg erklärt hatte, meldete sich Otto Warburg freiwillig zum Kriegsdienst beim 2. Garde-Ulanen-Regiment in Potsdam, einer elitären Kavallerie-

Einheit. Wie die große Mehrheit der jungen bürgerlichen Intelligenz stellte auch er sich hinter „Kaiser und Reich“ und wurde als Leutnant schließlich an der Ostfront bei der Okkupation russischen Territoriums eingesetzt. Ein halbes Jahr vor Kriegsende erhielt er einen Brief von Albert Einstein:

23. März 1918

Hoch geehrter Herr Kollege!
Sie wundern sich gewiß, von mir einen Brief zu bekommen, weil wir bis jetzt nur umeinander herumgegangen sind, ohne einander eigentlich kennen zu lernen. Ich muß sogar befürchten, mit diesem Brief so etwas wie Unwillen bei Ihnen zu erregen; aber es muß sein.
Ich höre, daß Sie einer der begabtesten und hoffnungsvollsten jüngeren Biologen Deutschlands sind, und daß Ihr besonderes Fach gegenwärtig hier recht mittelmäßig vertreten ist. Ich höre aber auch, daß sie draußen stehen an sehr gefährdetem Posten, so daß Ihr Leben beständig an einem Haar hängt! Jetzt schlüpfen Sie einmal bitte aus Ihrer Haut in die eines anderen sehenden Wesens und fragen Sie sich: Ist das nicht Wahnsinn? Kann Ihre Stelle da draußen nicht von einem phantasielosen Durchschnittsmenschen ausgefüllt werden, von der Sorte, von der 12 auf ein Dutzend gehen? Ist es nicht wichtiger als die ganze große Keilerei da draußen, daß wertvolle Menschen erhalten bleiben? Sie wissen es selbst genau und geben mir recht. Gestern sprach ich mit Prof. Kraus, der auch ganz meiner Auffassung ist und auch bereit, Sie für eine andere Thätigkeit reklamieren zu lassen.
Meine Bitte an Sie, die aus dem Gesagten entspringt, ist daher die, Sie möchten uns in dem Bestreben, Ihre Person zu sichern, unterstützen. Ich bitte Sie, mir nach einigen Stunden ernsthafter Erwägung ein paar Worte zu schreiben, damit wir hier wissen, daß unser Bestreben nicht an Ihrem Verhalten scheitern wird. In der sehnlichen Hoffnung, daß in dieser Sache ausnahmsweise einmal die Vernunft siege, bin ich mit herzlichem Gruß

Ihr ergebener
A. Einstein
Haberlandstraße 5
Berlin W. [B 8, S. 322f.]

Einstein, dessen pazifistische Einstellung allgemein bekannt war, bekam als Kollege von Emil Warburg und Freund der Familie den Anstoß zu diesem Brief von der um ihren einzigen Sohn äußerst besorgten Mutter Elisabeth Warburg. Ihr Bruder, ein General, fiel im ersten Weltkrieg.

Der Brief Einsteins zeugt einerseits von der großen Hochachtung, die bereits dem jungen Biochemiker entgegengebracht wurde, und andererseits von einer gewissen Starrsinnigkeit Warburgs, die es zu berücksichtigen galt, wollte man auf ihn Einfluß nehmen.

Im Grunde sprechen diese Zeilen aber vor allem für Einsteins uneigennütziges Interesse an der Förderung hoffnungsvoller Begabungen. Warburg war bereit, diesem Appell an seinen wissenschaftlichen Ehrgeiz zu folgen. Sehr wahrscheinlich teilte er mittlerweile auch die Auffassung des großen Physikerkollegen von der Sinnlosigkeit einer Fortsetzung des Krieges. Emil Warburg wandte sich kurz darauf am 10. Juli 1918 in einem Schreiben an das Kultusministerium und bat um Reklamierung für seinen Sohn: „... und zwar ist es sein Wunsch, zu Lehrzwecken reklamiert zu werden." [B 4, Bd. 2, Bl. 4] Dieses Ansinnen wurde zehn Tage später von Correns befürwortet, so daß das Kultusministerium schließlich am 29. Juli 1918 das Kriegsministerium um die Freistellung des Ordonnanzoffiziers im Generalstab ersuchte. Letzteres gab Warburg im August bis Ende 1918 frei, wodurch er das Kriegsende wieder in Berlin erlebte ([B 4, Bd. 2, Bl. 5], vgl. auch [45]).
Der „hoffnungsvolle junge Biologe" wandte sich erneut der Zellenergetik zu. Einsteins Ansicht über die „Mittelmäßigkeit" der Physiologie in Deutschland dürfte, gemessen am damaligen außerordentlich hohen Niveau der exakten Naturwissenschaften, seine Zustimmung gefunden haben. Obwohl Warburg 1966 rückblikkend meinte, während des Krieges die Wirklichkeit kennengelernt zu haben, „die mir in meinem Laboratorium bisher entgangen war" [B 58, S. 24], kehrte er doch bereitwillig und ohne Umwege in den Alltag des Laboratoriums mit seinen andersgearteten Realitäten zurück, während in Rußland die erste Arbeiter-und-Bauern-Macht und auch in Deutschland revolutionäre Ereignisse zur gesellschaftlichen Wirklichkeit wurden.

Wirken in der Kaiser-Wilhelm-Gesellschaft zur Förderung der Wissenschaften

Warburg trat im Oktober 1918 seine Tätigkeit als Abteilungsleiter im KWI für Biologie an und entwickelte innerhalb weniger Jahre drei Hauptforschungsrichtungen, die ihn bis zu seinem Lebensende beschäftigten. Mit neuen Methoden und grundlegenden Entdeckungen zur chemischen Natur der Enzyme für biologische

Energieübertragungen, zur Photosynthese und zur Krebsforschung erlangte er Weltruhm.
Im Institut traf er auch die mit ihm durch ihre entwicklungsphysiologischen Arbeiten an Seeigeleiern eng verbundenen Curt Herbst, von 1914 bis 1919 auswärtiger Institutsangehöriger, Richard Goldschmidt und Max Hartmann wieder. Letztere waren wie er als Abteilungsleiter tätig. Zu dieser Zeit gab es im KWI für Biologie fünf Abteilungen, deren Leitung Carl Correns (Vererbungslehre und Biologie der Pflanzen), Hans Spemann (Entwicklungsmechanik und kausale Morphologie), Goldschmidt (Vererbungslehre und Biologie der Tiere), Hartmann (Protistenkunde) und Warburg (Physiologie) übertragen worden war. 1924 kam eine sechste Abteilung für allgemeine Physiologie unter Otto Meyerhof hinzu. Die klangvollen Namen dieser ersten Abteilungsleiter belegen, daß mit großer Sorgfalt kompetente, ausgewiesene Fachwissenschaftler für die entscheidenden Positionen ausgewählt wurden, deren zukunftsträchtige Konzeptionen sich als äußerst fruchtbar erwiesen.
Organisation und Anliegen des KWI für Biologie kamen den Neigungen Warburgs, losgelöst vom Universtitätsbetrieb Zeit und Kräfte auf die Grundlagenforschung zu konzentrieren, sehr entgegen.

Da ich ein mittelmäßiger (poor) Lehrer und Dozent war, hätte ich sicher niemals ein eigenes Institut erhalten, wenn nicht die Kaiser-Wilhelm-Gesellschaft zum genau richtigen Zeitpunkt für mich gegründet worden wäre und wenn nicht Emil Fischer, der damalige Vizepräsident der Gesellschaft, mich sogleich gebeten hätte, als wissenschaftliches Mitglied mitzuwirken. [A 26, S. 1]
Ich werde es immer als ein Glück betrachten, daß genau zu der Zeit, als meine Lehrzeit in Physik, Chemie und Medizin beendet war, in Berlin das Kaiser-Wilhelm-Institut für Biologie gegründet wurde ... Ich bezweifle nicht, daß meine wissenschaftlichen Erfolge im wesentlichen dem ungewöhnlichen Maß von Freiheit und Unabhängigkeit zu verdanken sind, das mir ... zuteil wurde. [B 58, S. 95]

Die Arbeitsräume Otto Warburgs befanden sich bis 1931 im obersten Stockwerk des KWI für Biologie in der Boltzmannstraße in Berlin-Dahlem. Er verfügte ursprünglich über nur sechs Arbeitsplätze, die 1927 auf zehn erweitert wurden. Krebs, der von 1926 bis 1930 dort gearbeitet hatte, bezeichnete die materielle, physikalisch-chemische Ausrüstung als hervorragend.

Warburg war bestrebt,

die Zahl der wissenschaftlichen Arbeiter niedrig zu halten und die wachsenden Mittel zum Ausbau der technischen Hilfsmittel zu benutzen. So wurde erreicht, daß die eigene experimentelle Arbeit nicht durch andere Pflichten beeinträchtigt wurde, wie es dem Sinn der Kaiser-Wilhelm-Gesellschaft entspricht ... [A 25, S. 819]

Den Großteil der wenigen Arbeitsplätze (in den 20er Jahren vier der sechs möglichen) hatten langjährige technische Assistenten inne, die sich Warburg selbst unter erfahrenen Feinmechanikern mit soliden physikalisch-technischen Grundlagen suchte. „Warburg hielt Techniker für ideale Mitarbeiter, weil ihnen ihre Stellung zusagte und weil sie, im Gegensatz zu Akademikern, nicht auf Beförderung und Karriere bedacht waren." [B 42, S. 25] Mit vorzüglichen praktischen Kenntnissen in der Handhabung physikalischer Geräte ausgestattet, erfuhren sie durch Warburg persönlich eine Einführung in die erforderlichen chemischen Grundlagen. Mehrere von ihnen wurden durch ihre Veröffentlichungen weltbekannt. Obwohl sie von ihrer Ausbildung her „Techniker" waren, hebt Theodor Bücher ihre außergewöhnlichen biochemischen Kenntnisse hervor, die ihnen selbständige wissenschaftliche Arbeiten gestatteten [B 13]. Genaugenommen wirkten sie als „wissenschaftliche Assistenten".

So wäre Erwin Negelein zu nennen, der im Februar 1919 als Mechaniker von Siemens & Halske zu Warburg kam und bis in die frühen dreißiger Jahre, als mit Fritz Kubowitz, Erwin Haas, Walter Christian und Wilhelm Lüttgens neue souveräne und anerkannte Laborassistenten „herangewachsen" waren, bei allen wichtigen Projekten assistierte und als bedeutendster Mitarbeiter Warburgs galt. Negelein, der 1927 extern sein Abitur machte und nach einem Chemiestudium (1927–1931) an der Berliner Universität 1932 „Ueber das Hämin des sauerstoffübertragenden Ferments der Atmung und über einige künstliche Hämoglobine" promovierte, wurde nach seinem Weggang von Warburg 1946 selbst Hochschullehrer (1955 mit Lehrauftrag für Physiologische Chemie an der Medizinschen Fakultät der Humboldt-Universität zu Berlin) und Institutsdirektor (1961 am Institut für Zellphysiologie der Deutschen Akademie der Wissenschaften, heute AdW der DDR, in Berlin-Buch). Mit eigenen Publikationen wiesen sich seit

Anfang der dreißiger Jahre auch Waltraut Gerischer, Hans-Joachim Wulff, Alfred Griese, Heinz Brömel und andere aus (Abb. 8).

Als Warburg nach dem zweiten Weltkrieg sein Institut reorganisierte und von Grund auf neu anfing, entwickelten sich auch wieder technische Assistenten über lange Jahre zum Stammpersonal, von denen besonders Günther Krippahl, August-Wilhelm Geissler, Karlfried Gawehn, Hans-Siegfried Gewitz, Walter Schröder, Wolfgang Völker, Helmut Klotzsch, Detlev Kayser, Horst Geleick, Wolfgang Buchholz, Hans-Werner Gattung sowie Siegfried Lorenz, Arnold Lehmann und Edmund Birkicht als Autoren bekannt wurden.

Selbst nach der Übernahme eines eigenen Institutes im Jahre 1931 hatte Warburg unter seinen zehn bis zwölf Mitarbeitern selten

8 Mitarbeiter Warburgs vor der Institutspforte 1937: F. Kubowitz, W. Christian, E. Haas, W. Lüttgens, A. Griese und H. Brömel (v.l.n.r.) [B 13, S. 7]

mehr als zwei oder drei weitere Akademiker. Obwohl sein wissenschaftliches Credo, seine fachlichen Kenntnisse und praktischen Fertigkeiten, seine weitreichenden theoretischen Konzepte sowie sein methodisches Geschick ihn nahezu prädestiniert hätten, eine eigene wissenschaftliche Schule zu begründen, hatte er nicht das Bedürfnis, zahlreiche Schüler auszubilden.

Wir haben dabei, trotz vollständiger Trennung von Unterrichtsanstalten, das Unsere für die Zukunft der Wissenschaft getan, indem wir die Tore offenhielten für alle, die Methoden lernen wollten. Die Gäste sind nicht zu zählen, die im KWI (später Max-Planck-Institut, MPI) für Zellphysiologie die manometrischen und die optischen Methoden gelernt haben, mit einem Erfolg, den die Biochemie und Biophysik der letzten 30 Jahre bezeugt. [A 25, S. 820]

Als Warburg einmal von einem Kollegen auf die Bedeutung der Lehre hingewiesen wurde und dieser andeutete, daß auch er sich mehr der Ausbildung künftiger Forscher widmen könnte, antwortete Warburg: „Meyerhof, Theorell und Krebs waren meine Schüler. [Alle drei erhielten den Nobelpreis – d. A.] Habe ich nicht genug für die nächste Generation getan?" (vgl. [B 42, S. 98 f.]) Und es ist in der Tat nicht die Zahl seiner Schüler, sondern vielmehr der Umstand, daß sie vielfach zu führenden Repräsentanten ihrer Fachgebiete wurden, der besticht. Auch hier zeigt sich, daß für Warburg nicht Quantität, sondern Qualität maßgebend war. Trotz seines großen internationalen Rufes und über 60 Jahre erfolgreicher Forschungsarbeit lassen Warburgs wissenschaftliche Mitarbeiter sich rasch aufzählen.

Zu seinen Heidelberger Schülern gehörten der Biochemiker Otto Meyerhof (1910–1912), der russische Bakteriologe Rudolf Wiesel (1911/12), der Mediziner Alfred Dorner (1912–1914) und der englische Zoologe, Evolutionstheoretiker und spätere erste Generaldirektor der UNESCO Julian Huxley (1913). Bereits in jener Zeit, vor allem aber in den 20er Jahren in Berlin fanden viele junge japanische Kollegen zu Warburg, um unter seiner Anleitung zu arbeiten.

In Berlin-Dahlem forschten in Warburgs Laboratorium Hans Gaffron (1925–1930 und 1938/39; Pflanzenphysiologe, später in den USA), Hans Krebs (1926–1930; Biochemiker, später in Großbritannien), Robert Emerson (1927; amerikanischer Pflanzenphysiologe), Walter Kempner (1927/28 und 1933/34; später als Internist in den USA), Werner Cremer (um 1928/29), Hans Hartmann (um 1930), Albert Reid (um 1930/31), Carl Vincent Smythe (1931–1933; amerikanischer Biochemiker), Hugo Theorell (1933–1935; schwedischer Biochemiker), C. Stacy French (um 1937; amerikanischer Pflanzenphysiologe), J. Norman Davidson (1938; britischer Biochemiker), Eric G. Ball (um 1938/39; amerikanischer Biochemiker), Theodor Bücher (1938–1945; Biochemiker), Paul Ott (um 1942–1944; Radiologe) und andere. Für die Zeit nach 1945 wären noch der amerikanische Biochemiker Dean Burk (ab 1949; seit 1950 auswärtiges Mitglied des Warburgschen Institutes) sowie Hans Tiedemann (um 1952) zu nennen. Seinen „letzten Schüler“ sah Otto Warburg in dem Physiker Manfred von Ardenne (1934/35, 1959–1970) [B 8, S. 304].

Wie bereits erwähnt, erhielten drei seiner unmittelbaren Schüler den Nobelpreis: Meyerhof (1922, für die Entdeckung der Beziehung zwischen Sauerstoffverbrauch und Milchsäureproduktion im Muskel), Krebs (1953, für die Entdeckung des Zitronensäurezyklus) und Theorell (1955, für seine Entdeckungen bezüglich der Natur und Funktion der Oxydationsenzyme). Burk und Ardenne verweisen darüber hinaus auf die Nobelpreisträger Richard Kuhn (1938, für seine Arbeiten über Carotinoide und Vitamine) und Adolf Butenandt (1939, für seine Arbeiten über Geschlechtshormone), deren Begabung Warburg erkannt und gefördert habe. Nicht unterschätzt werden darf der sehr enge räumliche und personelle Kontakt zwischen den biochemischen Abteilungen Warburgs und Meyerhofs im KWI für Biologie, wodurch auch Einflüsse z. B. auf Fritz Albert Lipmann (Nobelpreis 1953, für die Entdeckung des Coenzyms A und seine Bedeutung für den intermediären Stoffwechsel), Severo Ochoa (Nobelpreis 1959, gemeinsam mit Arthur Kornberg für ihre Entdeckung der Mechanismen der biologischen Synthese von RNA und DNA), Karl Lohmann (den Entdecker des ATP, 1928), Karl Meyer (den Entdecker der Hyaluronsäure, 1934), David Nachmansohn, Francis O. Schmitt, Ralph W. Gerard, Hermann Blaschko und andere bestanden. In ihren Erinnerungen sprechen seine ehemaligen Schüler in unmißverständlichen Worten über die große Bedeutung Warburgs für ihre Entwicklung – in fast identischer Weise, wie jener sich seinerzeit über seine eigenen Universtitätslehrer geäußert hatte.

Wenn ich mich selbst frage, wie es dazu kam, daß ich mich eines Tages in Stockholm [zur Verleihung des Nobelpreises – d. A.] befand, so habe ich nicht den leisesten Zweifel, daß ich dieses große Glück der Tatsache verdanke, in der entscheidenden Phase meiner wissenschaftlichen Laufbahn einen hervorragenden Lehrer gehabt zu haben, als ich vom 25. bis zum 29. Lebensjahr unter Otto Warburg in Berlin arbeitete. Er war mir ein Vorbild: von ihm lernte ich, was erstrangige Forschung heißt. Ohne ihn hätte ich bestimmt nie einen Standard erreicht, der von den Nobelkomitees vorausgesetzt wird ... (Hans Krebs [B 37, S. 231])
Weder vor noch nach den Jahren in Warburgs Arbeitskreis bin ich einem Lehrer begegnet, dem ich mich so vorbehaltlos anzuvertrauen vermochte. (Theodor Bücher [B 12, S. 2])

Doch zurück zu Warburgs eigenem Lebensweg. Seine Anstellung als Abteilungsleiter am KWI für Biologie war 1919 für weitere fünf Jahre verlängert worden. 1921 kam es zu einem kleinen Eklat, als der „Bienenforscher" Ludwig Armbruster vor Warburg auf Lebenszeit für das KWI verpflichtet wurde, obwohl er keiner eigenen wissenschaftlichen Abteilung vorstand. Warburg fühlte sich in seinem Selbstwertgefühl immerhin derart gekränkt, daß er das Institut verlassen wollte. Durch Vermittlung Habers und Plancks wurde ihm jedoch gleichfalls ein Vertrag auf Lebenszeit, wenn auch vorerst noch ohne Zusicherung einer Pension, angeboten. Ferner wurden seine Bezüge trotz der inflationsbedingten, kritischen Finanzsituation der Gesellschaft in einem geheimen Liquidationsplan sichergestellt. Einige Jahre später gewährte ihm die KWG in Bleibeverhandlungen weitere, bemerkenswerte finanzielle und räumliche Verbesserungen. Dank dieses außergewöhnlichen und großzügigen Entgegenkommens wurde die KWG zur endgültigen wissenschaftlichen Heimstatt Warburgs. So dürfte es ihm leicht gefallen sein, sich 1923 als Extraordinarius aus der Medizinischen Fakultät der Berliner Universität zurückzuziehen und 1925 einen Ruf auf den Heidelberger Lehrstuhl für Pharmakologie abzulehnen (vgl. [B 23, S. 303 ff.]).
1924 lud die amerikanische Rockefeller Foundation, eine 1901 von dem Ölmilliardär John D. Rockefeller begründete Stiftung (vgl. [4]), Warburg in die USA ein. Bereits im Vorjahr hatte er einige seiner Versuchsreihen mit Hilfe von Stipendien der Stiftung bestritten. Er nahm die Einladung an und weilte zehn Wochen zu Vorträgen in Amerika, unter anderem in New York. Im Herbst 1925 folgte eine weitere USA-Reise, der sich im Oktober 1929 ein

dritter Amerikaaufenthalt anschloß, als er eine Einladung an die Johns Hopkins Medical School in Baltimore erhielt, um die sogenannte „Herter-Vorlesung" über „das Enzymproblem und biologische Oxidationen" zu halten. Nach seinem Vortrag bot ihm die Rockefeller Foundation die pauschale Förderung seiner Forschungen an. Warburg willigte selbstverständlich ein und schlug wenig bescheiden den Bau eines kleinen Instituts für Zellphysiologie sowie eines größeren Instituts für Physik unter Leitung von Max von Laue vor, „wobei ich an eine Zusammenarbeit auf dem Gebiet der Strahlenphysik dachte, deren Anwendung auf die Biologie wir unsere bisherigen Erfolge verdankten" [A 25, S. 817]. Daß sich Warburg auch für ein physikalisches Institut verwandte, beruhte sicher auf seiner Kenntnis der prekären Lage des KWI für Physik, dem Einstein und, als dessen Stellvertreter, Laue vorstanden und das als „Papier-Institut" zwar über einen eigenen Fonds, nicht jedoch über ein eigenes Gebäude mit der erforderlichen Einrichtung verfügte.
Noch im April 1930 stellte die Rockefeller-Stiftung der KWG für beide Institute 655 000 Dollar (etwa 2 735 000 Mark) zur Verfügung, wovon etwa 600 000 Mark auf den Bau und die Einrichtung des Warburgschen Institutes entfielen. „Otto Warburg wußte, was er wollte, und das Institut für Zellphysiologie war (im April) 1931 fertig." [26, S. 355] So konnte noch Ende 1931 das neue KWI an der Gary-, Ecke Boltzmannstraße bezogen werden. Demgegenüber verzögerte sich der Bau des KWI für Physik beträchtlich. Aufgrund unzureichender Baupläne, finanzieller und personeller Probleme und schließlich wachsender Unsicherheiten durch die zunehmende Faschisierung in Deutschland wurde das Gebäude erst 1937 fertiggestellt und 1938 offiziell übergeben. Zum Direktor avancierte Peter Debye, der sich in erster Linie Problemen der Kernphysik und Physik tiefer Temperaturen zuwandte, wodurch sich Warburgs Hoffnungen auf optische bzw. spektroskopische Fortschritte in unmittelbarer Nachbarschaft leider nicht erfüllten (vgl. [26]).
Durch den von der Rockefeller-Stiftung ermöglichten Bau des neuen KWI für Zellphysiologie hatten sich Überlegungen der KWG Ende der zwanziger Jahre erübrigt, Warburg breitere Forschungsmöglichkeiten einzuräumen. Die Vorstellungen waren dahin gegangen, ihm etwa die zuvor von Alfred Stock geleitete Ab-

teilung im KWI für Chemie oder die nach August von Wassermann noch unbesetzte Direktorenstelle des KWI für experimentelle Therapie und Biochemie zu geben. So dürfte es der KWG nicht schwer gefallen sein, dem nunmehrigen Direktor des KWI für Zellphysiologie 1930 einen verbesserten Einstellungsvertrag mit einem Jahresgehalt von 36000 Mark anzubieten (vgl. [B 23]). Mit Übernahme des neuen Institutes schied Warburg im Juni 1930 aus dem KWI für Biologie aus.
In der Außenarchitektur des neuen Institutes fand Warburgs ausgeprägte Vorliebe für alles Preußische ihren Niederschlag (Abb. 9). Als Vorbild diente ein friderizianisches Rokoko-Herrenhaus, das in Groß Kreutz bei Potsdam steht und 1763 nach Entwürfen von Knobelsdorff errichtet worden war (heute Verwaltungsgebäude des VEG Tierzucht Groß Kreutz). Für die Inneneinrichtung war die Zweckmäßigkeit bestimmend. Bücher spricht vom „Architektur gewordenen Lebens- und Arbeitsstil Otto Warburgs" [B 12, S. 7]. Die Mehrzahl der 40 Institutsräume waren Laboratorien und spezielle Funktionsräume. Kommunikationszentrum wurde die Bibliothek. Eigentliche Büro-, Verwaltungs- oder Konferenzräume, auch ein separates Chefzimmer, existierten nicht. Dafür diente die Institutsbibliothek, in der

9 Das Kaiser-Wilhelm-Institut für Zellphysiologie in Berlin-Dahlem („Richard-Gradewitz-Bau", Zeichnung aus einer Arbeit Warburgs von 1946 [A 8, S. 8])

Warburg auch Gäste empfing und notwendige Schreibarbeiten erledigte. Noch in den sechziger Jahren gab es außer einem Eß- und Schlafraum im Obergeschoß keine Räume, die nicht der Arbeit dienten [B 9]. Ausreichend Laborplätze und alle erforderlichen Apparaturen, insbesondere zur Verarbeitung großer Mengen Ausgangsmaterials (bis zu 50 kg und mehr), waren vorhanden.
Gemäß der Warburgschen Maxime „Sich gesund erhalten und stetig arbeiten: Geistesblitze können sich auf einen bis zwei pro Jahr beschränken" [B 12, S.7], war die Arbeitsatmosphäre frei von Hektik.

Infolge der Fortschrittlichkeit der Projekte konnte auch jeder Verrichtung die erforderliche Zeit zugemessen werden ... Neue Projekte entwickelten sich im Regelfall aus vorhergehenden; wenn nicht, wurden sie derart inauguriert, daß die Beteiligten das Gefühl hatten, am Konzert mitgewirkt zu haben. Das Bild von Utopia wird durch den Umstand vervollständigt, daß – Sekretariat und Mikroanalytik ausgenommen – alle Räume und Geräte zur gemeinsamen Nutzung verfügbar waren. Auch Warburg hatte keinen separaten Raum. Seine Schreibmaschine stand in der Bibliothek. (Theodor Bücher [B 12, S.7f.])
Das Kaiser-Wilhelm-Institut für Zellphysiologie war ein Musterbeispiel für einzigartigen Nutzeffekt. Das traf 1935 ebenso zu wie all' die späteren Jahre bis zu Warburgs Tode. Das Institut war klein und für den Direktor überschaubar. Es hatte eine unerhörte Effektivität. Dabei war für mich das Augenfälligste die tagtägliche persönliche Kontrolle und Programmierung und nötigenfalls auch Umdisponierung der Arbeit aller Mitarbeiter durch Otto Warburg. Seine Leitungstätigkeit war inhaltlich angelegt. (Manfred von Ardenne [B 28, S.62])

Warburgs Arbeitsrhythmus war sehr regelmäßig und zeugte von einer großen Arbeitskraft und Selbstdisziplin. In den zwanziger und dreißiger Jahren pflegte er morgens um halb sechs Uhr aufzustehen.

Wenn er um 8 Uhr im Institut erschien, hatte er seinen Morgenritt schon hinter sich. Nur von einer kurzen Mittagspause unterbrochen, blieb er bis gegen 18 Uhr im Institut. Der Abend diente der Aufarbeitung der Ergebnisse des Tages und der Vorbereitung des folgenden. In den 50er Jahren, im Alter von 70 Jahren, kam er immer noch vor 9 Uhr ins Institut und blieb bis nach 18 Uhr, nur die Mittagspause dehnte er etwas aus, bis gegen 15.30 Uhr. (Ernst Schütte [B 54, S.445])

Selbst im hohen Alter blieb seine Arbeitszeit etwa 60 Stunden pro Woche. Um Unterbrechungen des Arbeitstages zu vermeiden, war die Besuchszeit, an die sich auch prominente Gäste hielten, „nach sechs Uhr nachmittags". Seinen Urlaub, den er in seinem Landhaus in Nonnevitz bei Altenkirchen auf Rügen oder später auf dem Gut „Wiesenhof" in Schauren bei Idar-Oberstein im Hunsrück verbrachte, nahm Warburg jedes Jahr im August und September. Nicht selten befaßte er sich dann mit der Niederschrift seiner Arbeiten.

Ein Verständnis des ungeheuren Arbeitspensums Warburgs ist eigentlich nur möglich, wenn man davon ausgeht, daß er Tag für Tag wußte, was er wollte und was dieser Tag ihm bringen mußte. Dies wurde durch die außerordentliche Tragfähigkeit seiner bereits in jungen Jahren fixierten bioenergetischen Grundkonzeption möglich. Er hatte, um mit Berzelius zu sprechen, erkannt, „was den Hauptgegenstand meiner künftigen Studien ausmachen sollte, und von diesem Augenblicke an, wo ich ein bestimmtes Ziel vor Augen hatte, erwachte auch das Bestreben, es durch Arbeit zu erreichen." [3a]

Es waren vor allem begriffliche Vorurteile und methodische Schwierigkeiten, die zu Beginn unseres Jahrhunderts tiefergehende Erkenntnisse über die Stoffwechselprozesse verhinderten. Viele glaubten, durch neovitalistische Betrachtungsweisen gestützt, daß biochemische Reaktionen innerhalb lebender Zellen nicht notwendigerweise in gleicher Weise im Reagenzglas ablaufen. Dem setzte Otto Warburg seine Arbeitshypothese entgegen, daß die Gesetze der Chemie und Physik ohne Einschränkung auch in lebenden Systemen gelten. In der Folgezeit zeigte er, wie man durch direkte chemische und physikalische Messungen an biologischem Material unfruchtbare Spekulationen und Modellversuche überwinden und zu neuen Horizonten vordringen konnte. Da Warburg Neuland beschritt, wurde für ihn und seine Forschung die Wechselwirkung zwischen methodischer Innovation und Erkenntnisfortschritt zum „Markenzeichen". Ganz in diesem Sinne sagte Bücher über seine erste Begegnung mit Warburg im Jahre 1938: „... die Prägnanz des Stils und die Klarheit des Vorstoßes aus der Komplexität ins Ursächliche molekularer Strukturen machten mein Herz schlagen: Ich war dem Pasteur unseres Jahrhunderts begegnet." [B 12, S. 6]

Seine klaren Vorstellungen über das „Was" und „Wohin" der Forschungen gingen mit einer außergewöhnlich hohen Arbeitsmoral einher. Warburg verabscheute Zeitvergeudung. Auch für das Ge-

setz der Ökonomie der Zeit hatte er eine eigene Umschreibung: „Nur der wird durch den Erfolg belohnt, der von der Freiheit, zu arbeiten, Gebrauch macht und die eigene Arbeit nicht durch andere Pflichten beeinträchtigen läßt." (vgl. [B 7a, S. 2])
Ein besonders augenfälliger Beleg für Warburgs herausragende wissenschaftliche Produktivität dieser Zeit ist der Umstand, daß er zwischen 1927 und 1944 vom zuständigen Komitee nicht weniger als dreimal (für verschiedene Entdeckungen) des Nobelpreises für würdig befunden wurde [24]. Im Jahre 1927 schlug das Nobel-Komitee eine Teilung des rückwirkend für 1926 zu vergebenden Preises zwischen Otto Warburg und dem Dänen Johannes Fibiger vor. Die Grundlage für Warburgs Nominierung war seine „Entdeckung, wie die Pasteur-Reaktion bezüglich des Krebses wirkt", hatte er doch zwischen 1924 und 1926 bedeutende biochemische Unterschiede zwischen Tumorzellen und gesundem Gewebe gefunden. Die Fakultät zog es aber vor, den ungeteilten Preis Fibiger „für seine Entdeckung des *Spiroptera*-Karzinoms" zu verleihen, was in Anbetracht der späteren Bewertung von Fibigers Arbeit jedoch fragwürdig blieb. Fibiger hatte gefunden, daß bis dato unbekannte Tumoren im Magen von Ratten in enger Beziehung zu Endoparasiten *(Spiroptera neoplastica)* stehen. Es schien, als sei ein Weg gefunden worden, in Tieren Krebswucherungen zu induzieren. Später wurde allerdings bekannt, daß weniger *Spiroptera* als vielmehr ein Vitaminmangel Ursache der Geschwulstbildungen war.
Warburg erhielt den Nobelpreis für Physiologie oder Medizin dann 1931 „für seine Entdeckung der Natur und Wirkungsweise des Atmungsfermentes", eine Leistung, die in den Anfängen bis in die Heidelberger Zeit zurückreicht und 1928 mit der Aufnahme des Wirkungsspektrums des „sauerstoffübertragenden Atmungsfermentes" (Cytochrom a_3) gekrönt wurde.
Im Jahre 1944 wurde er wieder eines Nobelpreises für würdig erachtet. Die Nominierung hatte die „Entdeckung der Flavine und Nicotinsäureamide und ihrer Bedeutung für den intermediären Stoffwechsel" in den Jahren von 1932 bis 1938 zur Grundlage, „aber er mußte aus Gründen, die leicht verstanden werden können, anderen Platz machen" [24, S. 274]. Der Preis ging an die amerikanischen Sinnesphysiologen Joseph Erlanger und Herbert Spencer Gasser „für ihre Entdeckungen in Bezug auf die stark dif-

ferenzierten Funktionen einfacher Nervenfasern.". Warburgs Zurückstellung war auf einen Erlaß Hitlers vom Januar 1937 zurückzuführen, der deutschen Staatsbürgern die Annahme des Nobelpreises verbot, nachdem Ende 1936 dem ins Konzentrationslager verschleppten Carl von Ossietzky der Friedensnobelpreis für 1935 zugesprochen worden war. Davon waren auch Richard Kuhn (Nobelpreis für Chemie, 1938), Adolf Butenandt (Nobelpreis für Chemie, 1939) und Gerhard Domagk (Nobelpreis für Physiologie oder Medizin, 1939) betroffen.

Während Warburg scheinbar unbeirrt seinen Forschungen nachging, war in Deutschland die Nacht des Faschismus hereingebrochen. Antikommunismus und Antisemitismus wurden zur Staatsraison. Terror und Willkür wirkten sich auch auf die Wissenschaften katastrophal aus. Nach einer sicherlich unvollkommenen Statistik wurden bereits bis zum Wintersemester 1934/35 mindestens 1145 politisch und rassistisch verfemte Angehörige des Lehrkörpers deutscher Universitäten und Hochschulen, darunter 313 Lehrstuhlinhaber und 468 weitere Professoren, entlassen und zumeist zur Emigration gezwungen. Bis 1939 waren etwa 45 % der Lehrkörperstellen neu- oder umbesetzt worden [20, S. 178f.]. Allein an der Medizinischen Fakultät der Berliner Universität, der Warburg einmal als Extraordinarius angehört hatte, wurde 120 Lehrenden die Lehrbefugnis entzogen (insgesamt waren 234 Wissenschaftler der Universität betroffen), unter ihnen solch bekannte Biochemiker wie Leonor Michaelis und Peter Rona (vgl. [39, S. 139f.]). Zu den bedeutenden Biologen, die emigrieren mußten, gehörten die Genetiker Richard Goldschmidt und Curt Stern vom KWI für Biologie oder der Physiologe Otto Loewi, der sogar das Geld seines Nobelpreises von 1936 dem faschistischen Staat zu überweisen hatte, um auch seiner Frau die Emigration zu ermöglichen. Von Warburgs engeren Kollegen verließen die Biochemiker Hans Krebs, Fritz Albert Lipmann, Otto Meyerhof, David Nachmansohn, Carl Neuberg, Rudolf Schoenheimer, Richard Willstätter u.a. Deutschland.

Diese schwerwiegenden Verluste der Biochemie in Deutschland wurden noch verstärkt, als der zweite Weltkrieg entfesselt wurde, die wissenschaftlichen Institute sich zunehmend leerten und die friedliche Forschungsarbeit fast ganz zum Erliegen kam. Besonders folgenschwer war die Situation für Wissenschaftler aus jüdischen Familien. Symptomatisch hierfür ist das Schicksal des greisen Chemikers Wilhelm Traube, den die Faschisten wegen seiner „Rassenzugehörigkeit" 1942 bei einer Razzia erschlugen (vgl. [13, S. 527]).

Gerade wegen dieses blinden Antisemitismus der Nazis sahen später einige, z. B. der englische Physiologe Archibald Vivian Hill, in Warburgs Verbleib in Deutschland einen „Mangel an Charakter" (a lack of character; vgl. [B 46, S. 256]). Da es ihm sogar bis Anfang 1945 gelang, den Stamm seiner Mitarbeiter als „u. k." (unabkömmlich) vor einer Einziehung zum Militärdienst zu bewahren, wurden Stimmen laut, die ihm nicht nur Sympathien, sondern enge Beziehungen zu den Nazis unterstellten – und das, obwohl Warburg jüdischer Abstammung war. Um diesen Problemkreis ranken sich viele Spekulationen, die bei den nur spärlichen, noch dazu kaum abgesicherten Quellen schwer zu durchleuchten sind. Einige mögliche Hintergründe werden weiter unten dargestellt (s. S. 139ff.). Auf keinen Fall richtig und sehr oberflächlich dürfte die noch 1983 in der Bundesrepublik Deutschland vertretene Auffassung sein: „Obwohl Warburg Jude war, wagten selbst die Nationalsozialisten im Hinblick auf seine Stellung als einer der prominentesten Biochemiker der Welt nicht, ihm die Leitung des Instituts zu nehmen." [B 33, S. 22] Er habe daher bei den Nazis quasi als „extraterritorial" gegolten [6, S. 214].

Während der Faschismus immer barbarischer wütete und der zweite Weltkrieg sich immer mehr zur weltweiten Katastrophe ausweitete, wurde andererseits in Warburgs Laboratorien die Biochemie, insbesondere die Enzymologie des Stoffwechsels auf ein neues Niveau gehoben. In dem Dahlemer Institut konnte bis zum Sommer 1943 ohne Unterbrechung gearbeitet werden, bis eine in der Nachbarschaft detonierende Luftmine die Fenster eindrückte. Als wenige Wochen nach Behebung der Schäden eine zweite Bombe in der Nähe niederging, wurde die Evakuierung des Instituts in die Uckermark veranlaßt. Bis zum Frühjahr 1944 zog man in das etwa 50 Kilometer nördlich von Berlin gelegene „Schloß" Seehaus des Fürsten von und zu Eulenburg am Großen Lankensee, unweit des Rittergutes Liebenberg bei Löwenberg um (heute ein zentrales Erholungsheim, Abb. 10). Das 1912 erbaute, seit Jahren leer stehende Gebäude wurde mit „höchster Dringlichkeitsstufe" umfunktioniert. Man möchte es kaum glauben, daß noch

10 Schloß Seehaus am Großen Lankensee unweit des Rittergutes Liebenberg bei Löwenberg, von 1943 bis 1945 Sitz des Kaiser-Wilhelm-Instituts für Zellphysiologie [A 8, S. 170]

1944 ein Teil der Geschoßdecken ausgebessert, das Dach neu eingedeckt, Wasser- und Elektroinstallation völlig erneuert, eine Zentralheizung eingebaut, ja selbst eine Hochspannungsleitung herangeführt und eine Transformatorenstation aufgestellt werden konnten. In dieser Zeit begann Warburg das Buch „Schwermetalle als Wirkungsgruppen von Fermenten" zu schreiben, da sein Interesse am weiteren Ausbau des Instituts erlosch. „Er erwartete den baldigen Zusammenbruch bereits 1944." [B 12, S. 26] In den verbleibenden Monaten bis zum endgültigen Sieg der Antihitlerkoalition über den deutschen Faschismus wurden in Liebenberg dennoch einige „schöne Experimentalarbeiten fertiggestellt, während am Himmel die Bombergeschwader bereits am hellichten Tage dröhnend nach Berlin zogen" [B 12, S. 27].
In den unmittelbaren Nachkriegswirren wurde im Juni 1945 Warburgs Institutsausrüstung durch örtliche Instanzen eigenmächtig demontiert. Ausdruck seiner außerordentlich hohen Wertschätzung war es, daß er daraufhin zu dem Stellvertreter des Obersten Befehlshabers der Roten Armee und Chef der Sowjetischen Militäradministration in Deutschland, Marschall G. K. Shukow, einge-

laden wurde, der persönlich sein Bedauern ausdrückte und die Rückgabe der Ausrüstung befahl, was allerdings in Anbetracht der unaufgeklärten Umstände keinen Erfolg zeitigte (vgl. [B 14]). Bereits unmittelbar nach der Befreiung der Insel Rügen war Warburgs Feriengrundstück auf Veranlassung Marschall W. D. Sokolowskis unter militärischen Schutz gestellt worden [B 5]. Das Institut in Dahlem hatte die letzten Kriegsmonate unbeschadet überstanden, wurde jedoch 1945 durch US-amerikanische Streitkräfte besetzt und diente vier Jahre lang als Sitz ihrer Stadtkommandantur. In dieser Zeit konnte Warburg nicht weiter experimentell arbeiten. Er mußte damit 27 Jahre ununterbrochener Forschungsarbeit seit seiner Rückkehr aus dem ersten Weltkrieg, die ihn an vorderster Stelle der geistigen Auseinandersetzungen jener Zeit um das Verständnis des Lebendigen sahen, vorerst beschließen. Was ihn dabei auszeichnete, kennzeichnete Carl Oppenheimer bereits anläßlich der Verleihung des Nobelpreises an Warburg:

> [Es] sind in der Hauptsache zwei Dinge. Er ist einmal ein großer Theoretiker, er beherrscht die Physik, die physikalische Chemie und die Biologie souverän; und zweitens ist er ein überaus exakter Methodiker. Die von ihm geschaffenen Präzisionsmethoden zur Messung der Zellatmung und der Glykolyse, sei es freier Zellen, sei es dünner Gewebeschnitte, sind in ihrer Einfachheit und Genauigkeit klassisch ... Warburg ist einer der großen, originellen Forscher, die der Wissenschaft Neuland erschließen. (vgl. [B 19, S. 17])

Wissenschaftliche Leistungen Warburgs bis 1945[1])

Methodische Neu- und Weiterentwicklungen

„Der wichtigste Schritt in dem Fortschritt einer jeden Wissenschaft ist das Messen von Größen.“ [66, S. 74f.] Diese Worte James Clerk Maxwells über die Bedeutung exakter, reproduzierbarer Messungen für die moderne Naturwissenschaft machte sich Warburg zum Leitsatz bei der Entwicklung seiner neuen Methodik, mit der er die Grundlagen der quantitativen Zellbiologie schuf.

1. Manometrie

Für die Bestimmung der Sauerstoffaufnahme durch Seeigeleier und rote Blutkörperchen hatte Warburg in seinen ersten Arbeiten (1908/09) titrimetrische Methoden benutzt, die jedoch umständlich und nicht sehr empfindlich waren. Er wandte sich deshalb der Manometrie zu. Manometrische Stoffwechselversuche hatte schon Théodore de Saussure ausgeführt. Diese und alle weiteren hatten aber den Nachteil, daß Kohlendioxid durch Alkali absorbiert werden mußte. Die Versuchsbedingungen wurden dabei alkalisch und somit unphysiologisch.

Ein in der Physiologie einsetzbares Differentialmanometer beschrieb dann Emil Warburg im Jahre 1900 (Abb. 11, links). Er benutzte dieses Manometer, um die Geschwindigkeit der Ozonbildung zu messen. Die Engländer John Scott Haldane und Joseph Barcroft (1902, 1908) entwickelten es weiter (Abb. 11, rechts), indem sie durch zwei Hähne die Verbindung der beiden Druckgefäße mit der äußeren Atmosphäre ermöglichten, um das Volumen des Gasraumes konstant halten zu können, so daß bei Bildung oder Verbrauch eines Gases bei gleichbleibender Temperatur der Druck zur einzigen Variablen wurde. Haldane und Barcroft hatten ihr „Blutgasmanometer“ konstruiert, um den an Hämoglobin ge-

[1]) Warburgs Arbeiten werden im einzelnen nicht durch die entsprechenden Quellenangaben belegt, da dies aus der tabellarischen Übersicht im Anhang leicht entnommen werden kann.

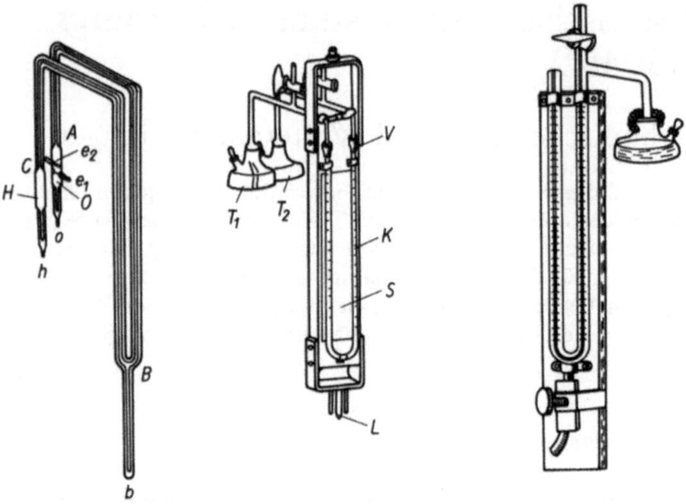

11 Historische Differentialmanometer
links: Differentialmanometer Emil Warburgs aus dem Jahre 1900; rechts: „Blutgasmanometer" von Barcroft und Haldane aus dem Jahre 1902; Mitte: Differentialmanometer mit Barcroftschen Hähnen, mit dem Otto Warburg 1922 seine Messungen zum Quantenbedarf der Photosynthese durchführte

bundenen Sauerstoff oder den Kohlendioxidgehalt des Blutes quantitativ messen zu können.

Im Ergebnis eines Besuches in Barcrofts Labor in Cambridge begann Otto Warburg 1910, mit dem Blutgasmanometer zu arbeiten, und im Frühjahr 1913 und 1914 ermittelte er damit auf der Zoologischen Station in Neapel den Sauerstoffverbrauch des sich differenzierenden Seeigelkeimes. 1919 entwickelte er sein Präzisionsmanometer, indem er die Haldane-Barcroftsche Apparatur so veränderte, daß die Geschwindigkeit des Gasaustausches gemessen werden konnte (Abb. 11, Mitte). Durch kontinuierliches mechanisches Schütteln der Gefäße im Wasserbad erreichte er das erforderliche Gasgleichgewicht zwischen Flüssigkeits- und Gasphase. Die Schüttelbewegung war bei den ersten Manometern kreisförmig. Da hierbei entstehende Schaumblasen die Meßwerte leicht verfälschten, ersann Warburg nach 1945 einfachere Apparate mit der für Warburg-Manometer heute typischen geradlinigen Bewegung.

12 Ursprüngliche Warburg-Apparatur der dreißiger Jahre [B 40, S.350]

Das entscheidende Prinzip des Warburg-Manometers (Abb. 12 zeigt einen der ersten Apparate) beruhte auf der Tatsache, daß Kohlendioxid leichter in Wasser löslich ist als Sauerstoff.

Bringt man eine Zelle, die ebensoviel Kohlensäure bildet, als sie Sauerstoff verbraucht, in ein geschlossenes Gefäß, so ändert sich im allgemeinen der Gasdruck nicht, da sich Gasverbrauch und Gasbildung die Waage halten. Läßt man aber das Flüssigkeitsvolumen wachsen, bis es beträchtlich im Vergleich zum Volumen des Gasraumes geworden ist, so wird der Sauerstoff vorwiegend aus dem Gasraum verbraucht, während die entwikkelte Kohlensäure vorwiegend in der Flüssigkeit gelöst bleibt. Dann ist mit der Atmung eine Änderung des Gasdruckes verbunden, aus der Sauerstoffverbrauch und Kohlensäurebildung berechnet werden können. [A 6, S. 2]

Es war somit möglich, die photosynthetische Kohlendioxidfixierung oder die Gärung neben der Atmung oder zwei verschiedene Gärungsarten gleichzeitig manometrisch zu messen. Ein weiterer Vorteil der Warburgschen Manometrie bestand darin, daß der Umsatz direkt gemessen wurde, während ältere Techniken die Differenzen zwischen Anfangs- und Endkonzentrationen ermitteln mußten. „Aus einem empfindlich und genau messenden Instrument der ‚Endwert-Analytik‘ hat er die für seine Problematik

der Stoffwechseldynamik adäquate Methode geformt." [B 12, S. 17]
Warburgs Modifikationen trugen zur raschen Verbreitung der Manometrie mit zuletzt weit über 100 Analysemethoden bei. Erst in den letzten Jahren wurde die Warburg-Manometrie durch schnelle elektrometrische Sauerstoffmessungen aus den Laboratorien verdrängt.

2. *Strahlungsmessung (Bolometer und Quanten-Aktinometer)*

Warburg setzte für seine Absorptionsmessungen zwei Instrumente ein, ein Bolometer zur Ermittlung der absolut eingestrahlten Quanten und ein Aktinometer (ab 1954 eine Ulbrichtsche Kugel) zur Bestimmung der absorbierten Strahlungsanteile. Das Bolometer, das er anfänglich benutzte, war in der Physikalisch-Technischen Reichsanstalt 1892 von Otto Lummer und Ferdinand Kurlbaum entwickelt worden und hatte im Jahre 1899 Lummer und Ernst Pringsheim zur Strahlungsmessung an schwarzen Körpern gedient, woraus Planck 1900 seine Strahlungsformel ableitete und das Wirkungsquantum h berechnete. Auf diese Tradition seines Meßinstrumentes war Warburg besonders stolz. Er nutzte es bis 1920 zur Untersuchung des Energieumsatzes der Photosynthese in der Reichsanstalt, wo sein Vater seit 1911 ebenfalls mit dem Bolometer arbeitete und damit die quantitative Photochemie begründete. Für seine Versuche vereinfachte Otto Warburg die Eichung des Gerätes und führte die Strahlteilung mit Prismen oder teildurchlässigen Spiegeln ein.
Neben dem Bolometer benutzte Warburg ein selbst entwickeltes manometrisches Quantenaktinometer (1926), in dem Chlorophyllid oder Phäophorbid, in Pyridin gelöst, bei Belichtung Sauerstoff auf Thioharnstoff übertragen und in dem der verbrauchte Sauerstoff manometrisch gemessen wird. Das Aktinometer basierte auf Arbeiten von Hermann von Tappeiner, der 1909 die Sensibilisierung von Photooxidationsprozessen durch Farbstoffe entdeckt, und von Samuel E. Sheppard (1925), der die Bedeutung von Thioharnstoff u. a. Schwefelverbindungen in photochemischen Prozessen der Fotografie erkannt hatte. 1926 hatten Otto Warburg und Hans Gaffron die Quantenausbeute der Photooxidation von

Thioharnstoffen bei Sensibilisierung durch Chlorophyll bestimmt, wobei pro Sauerstoffmolekül ein Lichtquant durch den Sensibilisator absorbiert wurde. Diese Quantenausbeute von „1" bildete die Grundlage seines manometrischen Aktinometers, das er noch 1949 weiter vereinfachte. Wie der Biochemiker E. Hofmann 1983 äußerte, wurde wohl „damals an keiner anderen Stelle in der Welt die Energie des Lichtes so genau gemessen ... wie in Berlin" [B 29, S. 31].

3. *Elektronische Spektralphotometrie*

So wie in den zwanziger Jahren die Methoden der Gasanalyse durch die Manometrie zurückgedrängt wurden, begannen in den vierziger Jahren spektralphotometrische Verfahren einen Teil der manometrischen Techniken zu ergänzen und zu ersetzen. Diese Entwicklung wurde wiederum in Warburgs Labor eingeleitet und von seiner Methodik entscheidend mitgeprägt. Für die Aufnahme des Wirkungsspektrums des „sauerstoffübertragenden Atmungsfermentes" hatte er schon 1928 gemeinsam mit Negelein photoelektrische Zellen angewandt und entsprechende monochromatische Lichtquellen geschaffen. Das von beiden entwickelte erste elektronische Spektralphotometer (Abb. 13) basierte auf ihrem „Geschmack für einfache, klargeschnittene Technik" [B 12] und wurde in den Folgejahren von Warburgs Mitarbeiter Haas weiter verbessert (s. Übersicht 2). In Zusammenarbeit mit dem Physiker Manfred von Ardenne (1934/35) gelang es mit Hilfe geeigneter Röhrenverstärker schließlich, die Meßempfindlichkeit des Gerätes so stark zu erhöhen, daß z. B. die Reduktion von Cytochrom c in 50 %igen Hefesuspensionen optisch gemessen werden konnte. Warburgs klassische Methode aus dem Jahre 1928 zur Bestimmung der photochemischen Wirkungsspektren von Enzymen blieb ein Vierteljahrhundert lang die einzige dafür mögliche Meßmethode. Erst 1953 entwickelte Britton Chance mit seiner „Zwei-Strahl"-Apparatur auf der Grundlage neuer elektronischer Techniken ein empfindlicheres Verfahren.

13 Erwin Negelein am Spektralphotometer mit Flußspatmonochromatoren (UV-Licht, links) und Glasmonochromatoren (sichtbares Licht, rechts) 1929 [B 13, S. 19]

4. Optische Tests

Bei spektralphotometrischen Untersuchungen entdeckte Warburg 1935 die Absorptionsänderung der Pyridinnucleotide bei 340 nm durch Reduktion. 1941 konnte für die Enolbande von Phosphoenolpyruvat bei 240 nm eine analoge Änderung festgestellt werden. Auf dieser Erkenntnis baute Warburg eine beträchtliche Anzahl optischer Tests auf, die auch heute noch zu den elegantesten Methoden für Bestimmungen von Reaktionsgeschwindigkeiten und Metabolitkonzentrationen gehören.

Wer die Biochemie vor der Entdeckung der wasserstoffübertragenden Funktion des Nikotinsäureamids nicht erlebt hat, kann die Bedeutung einer Methode nicht ermessen, die auf der Lichtabsorption der Dihydropyridinnukleotide im nahen U.V. bei 340 mμ beruht und von der es nicht übertrieben ist zu sagen, daß sie den Zeitaufwand, der zum Nachweis und zur Messung der wichtigsten Stoffwechselreaktionen notwendig ist, im

Durchschnitt auf den 100. Teil verkürzt hat. Die Methode ist nicht auf Hydrierungen und Dehydrierungen beschränkt, sondern kann auch auf Spaltungen, Phosphorylierungen und alle Vorgänge ausgedehnt werden, die irgendwie mit Hydrierung und Dehydrierung gekoppelt werden können. [A 11, S. 3]

Für den photometrischen Enzymtest hatte, anbei bemerkt, Fritz Kubowitz bei Warburg zur Entlastung des großen Spektralphotometers ein kleines Aggregat aufgebaut, das späterhin zum Urtyp unserer heutigen Spektrallinienphotometer wurde (vgl. [B 12, S. 10]).

5. *Differentialzentrifugation*

Als 1946 Albert Claude die Differentialzentrifugation als analytische, quantitative Methode in die Zellbiologie einführte, konnte er sich auf Versuche Warburgs aus dem Jahre 1913 stützen, der versucht hatte, Zellkomponenten mit Hilfe der Zentrifugation zu trennen und die biochemische Aktivität der Gewebe- und Zellextrakte auf die in ihnen angereicherten cytoplasmatischen Strukturen zu beziehen. Auch wenn die von ihm genutzte Zentrifugalkraft nicht ausreichte, um die mikroskopisch sichtbaren, relativ großen „Granula" aus Leberextrakten vollständig herauszutrennen, erreichte er doch eine Konzentration, die es ihm ermöglichte nachzuweisen, daß diese „Granula" Orte der Sauerstoffaufnahme sind (vgl. [7, S. 302]). Wie wir heute wissen, waren die „sauerstoffatmenden Körnchen" Warburgs Mitochondrien. Obwohl sie bereits im ausgehenden 19. Jahrhundert als morphologische Strukturen beschrieben worden waren, konnte ihre Identität mit den Warburgschen „Granula" sowie ihre Rolle als „Kraftwerk" der Zelle erst 30 Jahre später durch Claude und Mitarbeiter erhellt werden.

6. *Gewebeschnitt-Technik*

Für Messungen der Atmung von Krebszellen benötigte Warburg Anfang der zwanziger Jahre sehr dünne Gewebeschnitte von weniger als 0,5 mm Dicke. Er entwickelte eine mathematisch fun-

dierte Technik (1923), die Schnitte mit 25–100 Zellschichten bei minimaler Zerstörung der äußeren Zellstrukturen gestattete. Das Prinzip der Gewebeschnittmethode war einfach: Bei entsprechender Schichtdicke kann die Versorgung der Gewebe mit Nährstoffen, aber auch die Entsorgung der Stoffwechsel-„Abfälle" allein durch Diffusion erreicht werden. Die Vorteile dieser Methodik bestanden darin, daß zahlreiche Schnittpräparate desselben Gewebes nun gleichzeitig parallel untersucht und eine Vielzahl von Bedingungen eingestellt werden konnten. So wurde es auch möglich, Wirkstoffe einzusetzen, die für den Gesamtorganismus giftig sind.
Obwohl die Gewebeschnitt-Technik ursprünglich nur für Studien energieliefernder Prozesse entwickelt worden war, spielte sie später bei der Untersuchung des intermediären Stoffwechsels eine nicht minder bedeutende Rolle. Es hatte sich nämlich herausgestellt, daß in den Schnittpräparaten auch viele biosynthetische Prozesse relativ ungestört ablaufen. Mit Hilfe der Gewebeschnittmethode entdeckte und klärte Krebs beispielsweise die Harnstoff- und Zitronensäure-Cyklen auf.

7. *Mikroanalyse in der klinischen Diagnostik*

Im Jahre 1927 entwickelte Warburg eine Methode zur Bestimmung kleinster Mengen (10^{-7} g) von Eisen und Kupfer, die darauf beruhte, daß diese Elemente die Oxidation von Cystein durch molekularen Sauerstoff katalytisch beschleunigen. Durch Messung des Sauerstoffverbrauches konnten zwar nicht die metallischen Substanzen selbst, wohl aber ihre Wirkungen charakterisiert werden. Er fand mit seiner Methode, daß Eisen und Kupfer im menschlichen und tierischen Blutplasma mit konstanten Konzentrationen in freier bzw. locker gebundener Form vorkommen. Seine Entdeckung, daß sich dieser Gehalt während der Schwangerschaft, bei Infektionen und Anämien verändert, war der Ausgangspunkt für umfangreiche klinische Serum- und Plasmauntersuchungen. Auf dieser Grundlage schuf dann auch Ludwig Heilmeyer in den dreißiger Jahren seine quantitativen, photometrischen Routinemethoden für die klinische Diagnostik.

8. Klinischer Enzymtest

Bei weiterführenden Arbeiten mit Blutplasma entdeckte Warburg Enzyme, die in der Regel nur in lebenden Zellen eine Funktion haben (Lactat-Dehydrogenase und Aldolase), und 1943 fand er, daß der Aldolasegehalt des Plasmas bei pathologischen Zuständen zunehmen kann. Diese Enzymbestimmungen im Blutplasma entwickelten sich später zu Standardmethoden der klinischen Biochemie. Wie der Biochemiker Benno Hess 1962 hervorhob, hatten „Warburg und Christian [1943] bereits die gesamte biochemische und biologische Problematik des Plasmaenzymphänomens aufgeschlagen“ [59].

9. Methodische Fortschritte in der Photosyntheseforschung

Als Warburg 1919 seine Experimente zur Photosynthese fortsetzte, hatte er auch methodisches Neuland zu beschreiten. So führte er allein für seine ersten Messungen „Über die Geschwindigkeit der photochemischen Kohlensäurezersetzung in lebenden Zellen“ vier entscheidende Neuerungen ein:

Erstens paßte Warburg seine manometrischen Methoden, die er speziell für die Messung der Zellatmung weiterentwickelt hatte, Versuchen über die Photosynthese an.

Zweitens setzte er erstmals Bicarbonat-Carbonat-Puffer ein, die es ermöglichten, Versuche bei konstanten, niedrigen Kohlendioxidkonzentrationen durchzuführen.

Drittens führte er mit der einzelligen Grünalge *Chlorella pyrenoidosa* ein neues Versuchsobjekt ein. Im Gegensatz zum bis dato üblichen Einsatz ganzer Blätter, die kaum quantitative bioenergetische Untersuchungen gestatteten, erwiesen sich *Chlorella*-Suspensionen als ideales Objekt für quantitative Arbeiten über die Photosynthese. Sie können unter genau definier- und kontrollierbaren Bedingungen gezüchtet und wie Lösungen behandelt werden.

Und viertens begründete Warburg die Methode der alternierenden Belichtung (Belichtungszeit = Dunkelzeit) und führte die manometrische Blitzlichtmethode ein. Sie war die Voraussetzung zur Schaffung von Bedingungen, unter denen die Lichtreaktion der

Photosynthese geschwindigkeitsbegrenzend wird. Warburg knüpfte damit an Horace T. Brown (1905) an, der rotierende Sektorscheiben zur Schwächung der mittleren Bestrahlungsstärke benutzt und dabei beobachtet hatte, daß unter bestimmten Bedingungen 75 Prozent des einfallenden Lichtes abgeblendet werden konnten, ohne daß dabei die Photosyntheserate verringert wurde. Eine verfeinerte Untersuchungsmethode mit periodischem Blitzlicht (Dauer rund 10^{-5} s) wurde später von Robert Emerson und William Arnold (1932) eingeführt.
Auf der Grundlage seiner zahlreichen methodischen Neu- und Weiterentwicklungen wandte sich Warburg den „großen, ungelösten Problemen" der Biologie seiner Zeit zu.

Grundlegende wissenschaftliche Entdeckungen

1. „Der Schlüssel zum Krebsproblem ist die Energetik des Lebens."

Bereits während seiner Studienzeit hatte Otto Warburg geäußert, er wolle einen entscheidenden Beitrag zur Lösung des Krebsproblems leisten. Seine grundlegende Fragestellung war die nach dem biochemischen Unterschied zwischen einer gesunden Zelle mit streng kontrolliertem Wachstum und einer Krebszelle mit unbeschränktem Wachstum. Dabei interessierten ihn in erster Linie diejenigen Reaktionen, die die Wachstumsenergie liefern. Anknüpfend an seine frühe Entdeckung der Atmungssteigerung des Seeigeleies nach Befruchtung stellte er bereits 1911 die Arbeitskonzeption auf, daß die Tumorbildung einmal unter dem Aspekt zu betrachten wäre, wie die Steigerung der intrazellulären Verbrennungsprozesse zustande kommt:

> Es liegt nahe, das Carcinomproblem dadurch anzugreifen, daß man die chemischen Umsetzungen vergleicht, die durch überlebendes Gewebe von Tumoren und von normalen Organen herbeigeführt werden. Sind diese Umsetzungen nach Art und Geschwindigkeit gleich oder sind sie verschieden? ... Geht man darauf aus, eine Erklärung für das Wachstum der Tumoren zu finden, so sind in erster Linie diejenigen chemischen Reaktionen ins Auge zu fassen, auf deren Kosten das Wachstum vor sich geht, die energieliefernden Reaktionen. [A 18, S. 317]

Durch den ersten Weltkrieg verzögert, veröffentlichte er 1923 seine Untersuchungen der Atmungsgeschwindigkeit eines transplantierbaren Krebses, des Flexner-Jobling-Rattenkarzinoms, wofür er sich seiner Gewebeschnitt-Technik bediente. An dieser Arbeit wird Warburgs exzellente konzeptionelle Vorgehensweise deutlich. Von seiner Zielstellung, einen Beitrag zum Krebsproblem auf zellphysiologischer Ebene leisten zu wollen, ausgehend, formulierte er eine über den gegebenen Kenntnisstand hinausführende „reife" Arbeitshypothese (nicht Amylolyse oder Lipolyse, wie von einigen Zeitgenossen postuliert, sondern die energieliefernden Oxidationsprozesse sind für das Krebsproblem interessant), entwickelte auf dieser Grundlage eine sinnvolle Versuchsanordnung unter strenger Beachtung der für seine Fragen relevanten Versuchsbedingungen (z. B. kein Zusatz von Hemmstoffen und möglichst geringe mechanische Gewebezerstörung aufgrund der bekannt gewordenen Strukturgebundenheit der energieliefernden Reaktionen) und schuf ohne Scheu auch eigene methodische Zugänge, einschließlich der sie fundierenden Theorien (Manometrie, Gewebeschnittmethode, mathematisches Auswertungsverfahren), um in erster Linie quantitativ auswertbare Versuche zu ermöglichen.

Auf diesem Weg fand er, daß Krebszellen keinen wesentlich veränderten Sauerstoffverbrauch aufwiesen, jedoch große Mengen Milchsäure aus Glucose bildeten. Diese aerobe Karzinom-„Glykolyse" hatte eine sehr hohe Umsatzgeschwindigkeit, so daß sie erheblich zur Energieversorgung des Gewebes beitragen konnte. Die große Besonderheit, daß dieser schnelle Umsatz in Gegenwart von Sauerstoff erreicht wurde, führte Warburg zu dem Schluß, daß sich Krebszellen von normalen Zellen durch den Verlust ihrer Fähigkeit unterscheiden, in Gegenwart von Sauerstoff die Glykolyse zu unterdrücken. „Die Ursache des Carcinoms" sah Warburg folglich

> in der anaeroben Komponente des Stoffwechsels normaler wachsender Körperzellen sowie in dem Umstand, daß diese Komponente gegen Schädigungen widerstandsfähiger ist, als die Atmung. So kommt es, daß alle Schädigungen, denen der Körper unterworfen ist, die anaerobe Komponente aus dem normalen herauszüchten und damit Zellen von den Eigenschaften der Carcinomzellen. [A 19, S. 4]

Für sein Verständnis des Krebsproblems folgerichtig versuchte Warburg bereits 1926, Tumorzellen am lebenden Tier durch Energiemangel abzutöten. Sein Bemühen, in der Energetik des Lebens den Schlüssel zum Tumorwachstum und damit eine wirkungsvolle Krebstherapie zu finden, beanspruchte ihn dann vor allen Dingen nach 1945.

2. *Gewebestoffwechsel und „Pasteursche Reaktion"*

Als Warburg nun der Frage nachging, ob die aerobe Glykolyse ein Spezifikum der Geschwulstzellen sei, und daher systematisch verschiedene gesunde Gewebe untersuchte, entdeckte er, daß alle aktiv stoffwechselnden tierischen Gewebe anaerob glykolysieren, jedoch in Gegenwart von Sauerstoff die Glykolyse unterdrücken. Bald konnte er zeigen, daß nicht Sauerstoff als solcher, sondern die funktionstüchtige Zellatmung die Gärung beeinflußt. Warburg sah eine Analogie zu der sechzig Jahre zuvor gemachten Feststellung Pasteurs, daß Hefezellen unter anaeroben Bedingungen in der Regel hohe Gärungsraten, unter aeroben Bedingungen aber nur niedrige Umsätze zeigen, und bezeichnete die Unterdrückung der Gärung durch die Atmung als „Pasteur-Effekt".
Er fand aber auch, daß manche Gewebe, so die Warmblüternetzhaut oder blutbildende Knochenmarkzellen, im Reagenzglas unter unphysiologischen Bedingungen die Fähigkeit zur aeroben Glykolyse entwickeln, wie es für Krebszellen kennzeichnend ist. Als er daraufhin zu ergründen versuchte, warum in diesen Fällen die Sauerstoffatmung die Glykolyse nicht zu unterdrücken vermag, führten ihn seine Messungen der aeroben und anaeroben Milchsäurebildung sowie des gleichzeitigen Sauerstoffverbrauchs in unterschiedlichen Geweben zu dem quantitativen Befund, daß die biologische Verbrennung mit einem Sauerstoffmolekül die Bildung von etwa zwei Milchsäuremolekülen verhindert. In seinem Bestreben, mit quantifizierbaren und vergleichbaren Meßdaten zu arbeiten, führte er als meßbaren Ausdruck dieser Beziehung (der Wirkung der Atmung auf die aerobe Glykolyse) den „Meyerhof-Quotienten"

$$\text{M. Q.} = \frac{\text{anaerobe Glykolyse minus aerobe Glykolyse}}{\text{Atmung}}$$

ein. Meyerhof hatte nämlich bereits früher in Muskelzellen ent-

deckt, daß eine reproduzierbare Beziehung zwischen der Atmungsgröße und der Hemmung der Glykolyse existiert.
Für Krebszellen, die im Gegensatz zum Regelfall (zwei) einen erhöhten „Meyerhof-Quotienten" (fünf und mehr) hatten, schlußfolgerte Warburg nun, daß die Gärung nicht mehr störungsfrei durch die Atmung kontrolliert werden kann. Da damals weder die Mechanismen der Glykolyse noch der Gluconeogenese bekannt waren, war es noch vollkommen ungewiß, wie der Sauerstoff das Auftreten der Gärungsprodukte verhindert. Für die Aufklärung der Beziehungen zwischen Atmung und Gärung wurde dann aber Warburgs Entdeckung (1926) bedeutungsvoll, daß die Kopplung zwischen beiden durch den Hemmstoff Äthylcarbylamin spezifisch unterbrochen wird. Davon ausgehend nahm er an, daß Atmung und Gärung auf direktem Wege durch eine spezifische „Pasteursche Reaktion" verbunden seien. Die „Pasteursche Reaktion" blieb hypothetisch und konnte auch später nicht bestätigt werden. Wie erst in den sechziger Jahren endgültig aufgeklärt wurde, beeinflußt die Atmung nämlich vermittels der Synthese von Adenosintriphosphat (ATP) die katalytischen Eigenschaften eines Enzyms, der Phosphofructokinase, das den Glykolyseumsatz reguliert. Dabei wirkt Äthylcarbylamin als „Entkoppler" der oxidativen Phosphorylierung.
Im übrigen konnten Warburg und Meyerhof in den Jahren 1937/38 die Kopplung der ATP-Bildung an die enzymatische Oxidation des Phosphoglycerinaldehyds (Warburg) sowie der nachfolgenden Umwandlung der Diphosphoglycerinsäure in Phosphoenolpyruvat (Meyerhof) bei der Glykolyse demonstrieren. Damit erfuhr das von Albert Jan Kluyver 1924 aufgeworfene Problem biologischer Energiekopplungen zwischen endergonen und exergonen Reaktionen einen ersten Beweis (vgl. [7, S. 245]).

3. *Die Katalysatoren der Atmungskette*

Seit der Entdeckung der Sauerstoffatmung durch Lavoisier (1780) hatte man sich immer wieder mit den energetischen Bilanzen der Atmungsprozesse beschäftigt und dadurch wesentliche Erkenntnisse erlangt. Solcherart Vorgehen blieben aber letztlich die zugrunde liegenden Reaktionen verborgen. Wie Warburg 1911 feststellte, „liegt [es] in der allgemeinen Natur der energetischen

Betrachtungsweise, daß sie uns über den Mechanismus der Vorgänge keine Auskunft gibt ..., dessen Aufklärung für ein tieferes Verständnis der chemischen Lebensvorgänge [aber] unerläßlich erscheint ..." [A 14, S. 289].

Anfang unseres Jahrhunderts glaubte man, daß zelluläre Prozesse nur aufgeklärt werden können, wenn die zellphysiologischen Reaktionen aus den Zellen herausgelöst, ihre Partner isoliert und schießlich rein dargestellt worden sind. In diesem Bestreben hatte 1897 Eduard Buchner Gärungsenzyme aus Hefezellen „extrahiert" und nachgewiesen, daß auch zellfreie Hefeextrakte im Reagenzglas zur alkoholischen Gärung imstande sind. Dieses Resultat hatte die Unterscheidung zwischen Fermenten und Enzymen, erst 1877 von Wilhelm Kühne für außerhalb lebender Zellen wirksame Biokatalysatoren eingeführt, hinfällig gemacht. „Damit war gezeigt, daß eine tote chemische Substanz ... für den Fermentationsprozeß verantwortlich ist und daß ähnliche Substanzen die meisten chemischen Umsetzungen in lebender Materie verursachen." [3, S. 604]

Otto Warburg stellte später seinem Buch „Schwermetalle als Wirkungsgruppen von Fermenten" (1946) eine Bemerkung von Pasteur (1879) voran, die sich auf eine Kontroverse mit Marcellin Berthelot bezog. Pasteur vertrat die Ansicht, daß die alkoholische Gärung nur in lebenden Organismen stattfindet, während Berthelot glaubte, daß sie auch durch lösliche, von den Zellen abtrennbare Substanzen katalysiert werden könne. War Pasteurs Auffassung, daß Fermentwirkungen nur durch lebende Organismen verursacht werden, ursprünglich gegenüber Liebigs Hypothese einer rein chemischen Zersetzung bei Gärungen auch sehr progressiv gewesen, so war sie jetzt überholt und durch Buchner widerlegt. Dieser Erkenntnisprozeß, wie aus Liebigs chemisch-mechanischer These und Pasteurs biologisch-vitalistischer Antithese eine Synthese auf höherem Erkenntnisniveau folgte, ist ein einprägsames Beispiel für die Dialektik der Wissenschaftsentwicklung [14, S. 499].

3.1. „Das sauerstoffübertragende, eisenhaltige Atmungsferment"

In Anlehnung an Buchner versuchte nun Warburg, auch die Atmungsfermente „in Lösung zu bringen". In seiner nur neun Seiten umfassenden Habilitationsschrift (1912) „Über die energieliefernden Reaktionen in lebenden Zellen" konnte er aber bereits feststellen, daß es engere Wechselwirkungen zwischen Fermentwirkung und Zellstruktur als bei der alkoholischen Gärung gibt:

> Die Fermente der energieliefernden Reaktionen befinden sich nicht im flüssigen Zellinhalt, sondern sind an die Membranen und Strukturteile adsorbiert ... Die energieliefernden Reaktionen werden durch Fermente beschleunigt; die Fermentwirkungen durch die Struktur.

Und mit einer für die damalige Zeit erstaunlichen Intuition und Weitsicht erahnte Warburg schon, daß Struktur und Funktion einer Zelle Ergebnis ihrer dissipativen Eigenschaften sind:

> Wir haben in lebenden Zellen keine feste Struktur; die Strukturteile bestehen aus gequollenen Kolloiden, in denen Diffusionen fast ebenso schnell wie in Flüssigkeiten vor sich gehen, so daß eine räumliche Trennung gelöster Stoffe, will man nicht für jeden Stoff eine spezifisch undurchlässige Membran annehmen, als Gleichgewichtszustand schwer denkbar scheint. Sollte der Energiebedarf der Zellen vielleicht darin seine Erklärung finden, daß beständig Diffusionen und ähnliche von selbst verlaufende Prozesse rückgängig gemacht werden müssen? Daß eine flüssige oder halbflüssige Struktur ohne dauernde Arbeitsleistung gar nicht erhalten werden kann? [A 3]

Die Abhängigkeit der Atmung von der Zellstruktur wurde wohl zuerst von Battelli und Stern erkannt, die 1907 beobachteten, daß eine Beeinträchtigung der Feinstruktur stets auch mit einer bedeutenden Schwächung, wenn nicht gar Aufhebung der Zellatmung verbunden war. Daß es aber nur bestimmte Teilstrukturen bzw. Zellkomponenten sind, von denen die Atmung abhängt, fand Warburg an Leberextrakten und Seeigeleiern, deren Zellstruktur er zerstört hatte, ohne daß dabei die Atmung verlangsamt wurde. Obwohl die oxidativen Prozesse stets an unlösliche „Körnchen" gebunden waren, war es ihm nun möglich, mit der Eiatmung wie mit einer chemischen Reaktion *in vitro* zu experimentieren. Seine Arbeiten an diesen „atmenden Grana" in den Jahren unmittelbar vor dem ersten Weltkrieg begründeten die experimentelle Mitochondrienforschung.
Aus Sicht unserer heutigen Modellvorstellungen ist es nicht mög-

lich, die membrangebundenen biologischen Oxidationen von unlöslichen Zellkomponenten zu trennen. Um die Eigenschaften der strukturgebundenen Oxidation näher zu kennzeichnen, untersuchte Warburg die Wirkung zellfremder Substanzen auf die Zellatmung und fand, daß die hemmende Wirkung vieler dieser Stoffe (Alkohole, Nitrile, Urethane u. a.) von ihrer Oberflächenaktivität abhängt. Er schlußfolgerte, daß die Wirkung atmungshemmender Narkotika in ihrer Adsorption an die Oberfläche oxidierender Strukturen besteht, womit die Substrat-Enzym-Beziehungen gestört würden. Da aber auch das oberflächeninaktive Cyanid biologische Oxidationen hemmte, was schon 1857 durch Claude Bernard nachgewiesen werden konnte, schloß Warburg in diesem Falle, daß Schwermetallkatalysatoren an der Zellatmung beteiligt sind. Es war bekannt, daß Cyanid leicht mit Schwermetallen reagiert. Warburg bewies schließlich das Vorhandensein von Eisen in den Zellstrukturen und führte zahlreiche Modellversuche mit Eisensalzen durch, um seine Hypothese, daß Eisen das biologisch wirksame Schwermetall sei, zu erhärten. Er charakterisierte die biologische Oxidation als eine Oberflächenkatalyse an bestimmten eisenhaltigen Zellorten, wo Sauerstoff aktiviert würde. Bereits 1914 zog er das Resümee:

Auf Grund der mitgeteilten Tatsachen stelle ich die Theorie auf, daß die Sauerstoffatmung im Ei eine Eisenkatalyse ist; daß der im Atmungsprozeß verzehrte Sauerstoff primär von gelöstem oder adsorbiertem Ferroion aufgenommen wird. [A 16, S. 253f.]
Seit Lavoisier im Jahre 1780 die Zellatmung entdeckte, hat man sich fragen müssen, wie es kommt, daß die biologischen Brennstoffe im Leben mit Sauerstoff reagieren, während sie im Reagenzglas mit Sauerstoff nicht reagieren. Die Antwort lautet: So wenig wie im Reagenzglas, so wenig reagieren die Brennstoffe im Leben mit Sauerstoff, sondern der Sauerstoff reagiert im Leben mit komplexem Ferro-Eisen, das er zu Ferri-Eisen oxydiert. [A 22, S. 493]

Vor Warburg hatten bereits andere Forscher auf katalytische Wirkungen von Schwermetallen hingewiesen (vgl. [8, 9, 21, 23]). So hatte schon 1820 Edmund W. Davy gefunden, daß unter Zusatz von Platin wäßriger Alkohol durch Luftsauerstoff zu Essigsäure oxidiert wird. Dies hatte seinerzeit großes Aufsehen erregt, verhielt sich doch Platin wie ein Ferment der biologischen Essigsäuregärung. 1895 entdeckte Gabriel Bertrand, daß ein aus dem Saft des japanischen Lackbaumes isoliertes Ferment Mangan enthält und daß Mangansalze die fermentative Wirkung steigern. Nach früheren chemisch-mechanistischen Theorien biologischer Oxidationen war dies der erste Nachweis der Existenz von Fermenten, die die biologische Wirkung des Sauerstoffs katalysieren. Es war dies zugleich das erste Konzept, in dem ein Metall als essentieller Bestandteil eines Fermentes angesehen wurde. Später wurde auch für Kupfer in ammoniakalischer Lösung die Fähigkeit, katalytisch Sauerstoff zu übertragen, wahrscheinlich gemacht (Wilhelm Traube, 1910). Eine Analogie zwischen der Wirkung von Schwermetallen und Oxidasen lag folglich nahe. Auf die mögliche Rolle von Eisen und einen Sauerstofftransfer hat zuerst der Münchener Chemiker Wilhelm Manchot (1901) aufmerksam gemacht, in dessen Modell Eisen aber nicht als Katalysator wirken konnte. Ein echt katalytisch wirkendes Eisensystem in einer Kombination von Ferrosalzen mit Lecithin stellte dann Torsten Thunberg (1910) auf. Hieran konnte Warburg direkt anknüpfen und durch den Einsatz anderer Oxidationssubstrate die Eisenkatalyse der Sauerstoffatmung endgültig nachweisen.

Folgerichtig ging Warburg nach seiner Rückkehr aus dem Weltkrieg der Frage nach Bindungsort und -art des Eisens in der Zelle nach. Als natürliche eisenhaltige Chromatophore kannte man lange Zeit nur das Hämoglobin des Blutes, das vor allem durch Hoppe-Seyler (ab 1862) intensiv erforscht worden war. Aber schon 1885 hatte der irische Arzt Charles Alexander MacMunn im Ergebnis spektroskopischer Beobachtungen auch außerhalb des Blutes sogenannte „Histohämatine“, darunter ein charakteristisches Myohämatin, gefunden und auf ihre mögliche Bedeutung für respiratorische Prozesse hingewiesen. Diese Befunde wurden 1889/90 von Hoppe-Seyler und seiner Schule scharf angegriffen, es handle sich bei MacMunns „Hämatinen“ um keine eigenständigen Substanzen mit physiologischer Funktion, sondern lediglich um Zersetzungsprodukte des Hämoglobins. Da MacMunn nicht energisch genug stritt, fielen seine weitreichenden Beobachtungen zeitweilig der Vergessenheit anheim. Daß nicht nur die roten Blutzellen, sondern alle Zellen Hämine enthalten, wurde somit erst 1923/24 durch Hans Fischer quasi wiederentdeckt. 1925 bestätigte David Keilin die spektroskopischen Experimente MacMunns und prägte für dessen „Histohämatine“ den Begriff „Cytochrom“.

Es sei bereits an dieser Stelle vermerkt, daß Warburg sich häufig auf diese Kontroverse zwischen MacMunn und Hoppe-Seyler und ihren für den Fortschritt der Zellbiologie unglücklichen Ausgang berief, wenn es darum ging, eigene Ansichten und Erkenntnisse unerbittlich zu behaupten. Diese Auseinandersetzung „lehrt, wie gefährlich es ist, wenn man falsche Einwände auf sich beruhen läßt. MacMunn schwieg. Die Folge davon war, daß in den nächsten 33 Jahren von den Histohämatinen nicht mehr die Rede war." [A 8, S. 61]

In den frühen zwanziger Jahren befaßte sich Warburg vor allem mit den Kohlemodellen der Atmung. Er hatte entdeckt, daß „Blutkohle" die Oxidation von Aminosäuren durch molekularen Sauerstoff katalysiert und diese Aminosäureoxidation durch Narkotika unspezifisch, durch Blausäure aber spezifisch gehemmt wird.

Zu einem tieferen Verständnis der Mechanismen der Sauerstoffatmung gelangte er aber erst, als er 1926 die Kohlemodelle verließ und sich erneut der Hefe als Studienobjekt zuwandte. Da bekannte Eisenverbindungen, wie Hämoglobin, leicht mit Kohlenmonoxid reagieren, untersuchte er dessen Einfluß auf atmende Hefezellen. Er fand, daß Kohlenmonoxid ebenfalls atmungshemmend wirkt und das Ausmaß der Hemmung vom Sauerstoffdruck abhängt. Analoga zum Verhalten von Hämoglobin gegenüber Kohlenmonoxid und Sauerstoff wurden sichtbar. In diesem Versuchsstadium weilte zufällig der englische Physiologe Archibald Vivian Hill zu einem längeren Arbeitsbesuch in Dahlem. Gelegentlich eines gemeinsamen Mittagessens verwies er Warburg auf eine Arbeit Haldanes aus dem Jahre 1896, der entdeckt hatte, daß die Kohlenmonoxid-Affinität von Hämoglobin lichtempfindlich ist. Der Überlieferung nach soll Warburg nach dieser Eröffnung sich schon bald entschuldigt und bereits am nächsten Morgen eine kurze Mitteilung über seinen Befund an ein Fachjournal abgesandt haben (vgl. [B 18]). Die entsprechende Versuchsausführung zur Atmung von Hefezellen hatte ergeben, daß die Atmungshemmung durch Kohlenmonoxid bei Belichtung der Hefesuspension stark zurückging. Dieses Ergebnis ermöglichte es Warburg, das Absorptionsverhalten des Katalysators zu messen. Er ermittelte quantitativ die Wirkung von Licht bekannter Intensität und Wellenlänge auf die Amtungshemmung durch Kohlenmonoxid (Abb. 14). Das erhaltene Spektrum stimmte fast mit dem

von Eisenporphyrinen wie im Hämoglobin oder Cytochrom überein, ohne jedoch mit ihnen identisch zu sein.
Carl Ferdinand Cori würdigte diese Entdeckung „als herausragendes Beispiel experimenteller Findigkeit" [B 18, S. 117]. Sie erforderte außergewöhnliches experimentelles Geschick und theoretisches Verständnis, mußten doch methodische Voraussetzungen (monochromatische Lichtquellen ausreichender Intensität, Messung des Gaswechsels und der Lichtintensität u. a.) und mathematisch-theoretische Interpretationen zur quantitativen Erfassung und Verwertung der Ergebnisse erst geschaffen werden. Für diese Leistung erhielt Warburg 1931 den Nobelpreis für Physiologie oder Medizin (Abb. 15). Bei den Verleihungsfeierlichkeiten sagte er dazu:

Die Physik liefert die Fermentbanden, die organische Chemie ist notwendig, um die Fermentbanden zu identifizieren oder zu erzeugen. Das Ver-

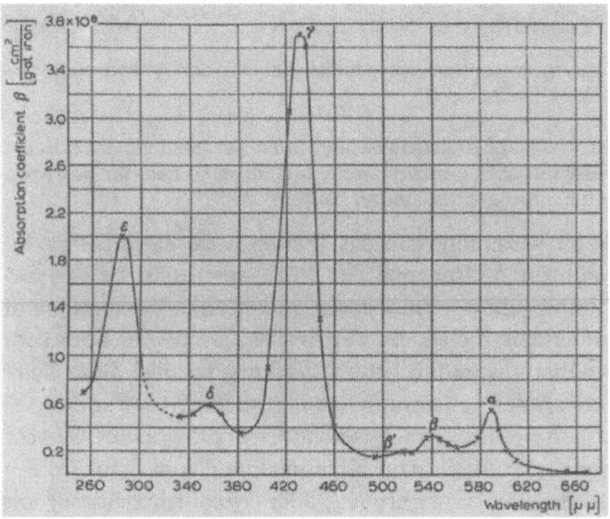

14 Absorptionsspektrum der Kohlenmonoxid-Verbindung des Warburgschen Atmungsfermentes mit einer Hauptbande *(γ)* bei 433 nm und einer α-Bande bei 590 nm
„Das Verfahren gleicht ... der spektralanalytischen Untersuchung der Sterne." (Otto Warburg in seinem Nobel-Vortrag am 10. Dezember 1931 [A 20, S. 259 u. 267])

15 Otto Warburg an seinem Schreibtisch im Jahr der Nobelpreisverleihung, Berlin 1931 [B 24, S. 57]

fahren gleicht ... der spektralanalytischen Untersuchung der Sterne. In der Tat ist die Substanz des Ferments, wenn auch noch so nah, für uns unerreichbar wie die Substanz der Sterne. [A 20, S. 267]

Es lag nahe zu vermuten, daß das Warburgsche eisenhaltige Atmungsferment zur Stoffgruppe der 1925 von Keilin beschriebenen Cytochrome gehört, zumal deren universelles Vorkommen in fast allen atmenden Zellen bekannt wurde. Da beider Spektrum jedoch nicht übereinstimmte, schloß Warburg aus, daß diese Cytochrome direkt an der Zellatmung beteiligt seien. Dies war der Anlaß zu einer Jahre währenden Auseinandersetzung beider Wissenschaftler, bis Keilin 1939 zwei Komponenten von Cytochrom a fand, von denen eine (Cytochrom a_3 oder Cytochromoxidase) mit Warburgs Atmungsferment übereinstimmte.
Durch seine Untersuchungen zum „eisenhaltigen Atmungsferment" hat Warburg entscheidend in die Auseinandersetzungen um Struktur und Funktion der Enzyme eingegriffen. Ihre Eiweißnatur war seit ersten Hinweisen (Wilhelm Kühne, 1877; Moritz Traube, 1878) nahezu 50 Jahre lang nur Vermutung und konnte erst 1926 mit der Kristallisation der Urease durch James B. Sumner

nachgewiesen werden. Warburgs Arbeiten führten zu der Erkenntnis, daß die hohe Spezifität der Enzyme auf den Proteinanteil zurückzuführen ist. Daß diese heutige Selbstverständlichkeit im ersten Drittel unseres Jahrhunderts durchaus noch umstritten war, zeigt Willstätters Ansicht (1926), daß Fermente aktive Gruppen seien, die in inaktive Trägerkolloide eingelagert sind. Die Trägerkolloide seien unspezifisch, auswechselbar und keine Proteine. Andere wieder glaubten, daß kolloidale Riesenproteine mit einer Vielzahl freier elektrischer Landungspunkte gleichzeitig verschiedene Stoffumsätze katalysierten. Mit dem Nachweis eines Eisenporphyrins als Wirkgruppe des „Atmungsfermentes" (1929) bestätigte Warburg Vermutungen, wonach Enzyme aus einem Protein und einer „prosthetischen Gruppe" (Wirkgruppe, Coenzym) bestünden.

Warburgs entscheidende Feststellung, die er schon 1914 geäußert hatte, daß das Eisen ein Katalysator der Zellatmung sei, hat sich dann in den sechziger Jahren in weit größerem Maße als richtig erwiesen, als er damals annehmen konnte. Neben den Eisenporphyrinen sind an der Elektronenübertragung auch Eisen-Schwefel-Proteine beteiligt, so daß die Zellatmung in der Tat eine vielfache Eisenkatalyse ist. Bereits 1933, als von einer Atmungskette noch keine Rede war, deutete Warburg die katalytische Wirkung bei der Atmung als Valenzwechsel der Eisenatome in einer Kette hintereinandergeschalteter Eisenverbindungen.

3.2. *„Das gelbe Ferment"*

Thunberg und Wieland hatten Anfang unseres Jahrhunderts gefunden, daß lebende Zellen Enzyme enthalten, die die Reduktion einiger synthetischer Farbstoffe (z.B. von Methylenblau) oder von Nitrophenolen zu farblosen Substanzen katalysieren. Dabei war die Zugabe von Wasserstoffdonatoren erforderlich (z.B. Succinat, Malat, Citrat, Lactat oder Glutamat), die enzymatisch dehydriert werden. Mit diesen Versuchen wurde gezeigt, daß künstliche Akzeptoren bei der Zellatmung Sauerstoff als physiologischen Wasserstoffakzeptor ersetzen können. Dies war Anlaß eines weitreichenden Disputs der zwanziger Jahre, ob die katalytische Wirkung von Sauerstoff, wie sie Warburg vertrat („Sauerstoffaktivierungstheorie"), oder von Wasserstoff der Substrate, wie sie Wieland untersuchte („Wasserstoffaktivierungstheorie"), bei biologischen Oxidationen das Wesentliche sei. Um 1924 hatte aber bereits Albert von Szent-Györgyi die Meinung vertreten, daß sowohl Sauerstoff als auch organisch gebundener Wasserstoff durch Enzyme aktiviert werden müßten. Dieser Auffassung folgten die meisten Biochemiker.

Warburg hatte ursprünglich Hinweise zur Aktivierung von Wasserstoff abgelehnt, weil er Versuche mit „unphysiologischen" synthetischen Chemikalien für uninteressant hielt. Erst während eines Arbeitsaufenthaltes an der Johns Hopkins Medical School in Baltimore (USA) 1929 ließ er sich durch Eleazar S. Guzman Barron von der enzymatischen Natur der Reduktion synthetischer Farbstoffe überzeugen. Besonders beeindruckt war er von der Entdeckung des Amerikaners aus dem Vorjahre, daß Erythrozyten bei Zusatz von Methylenblau die teilweise Verbrennung von Glucose zu Kohlendioxid und Pyruvat mit bemerkenswerter Aktivität bewirken.

Nach Berlin zurückgekehrt, führte er eigene Versuche mit Methylenblau aus und kam 1930 zu dem bemerkenswerten Ergebnis, daß, wenn Glucose durch Robison-Ester[1]) ersetzt wird, auch cytolysierte Blutzellen Oxidationsreaktionen zeigen, womit diese Prozesse in einer homogenen, zellfreien Suspension mit chemischen Standardmethoden untersucht werden konnten. Durch Dialyse fand er eine makromolekulare, kochempfindliche und eine niedrigmolekulare, kochfeste Komponente des zellfreien Systems, die als Enzym und Coenzym an der Wasserstoffübertragung beteiligt waren. Wie sich weiter herausstellte, bestand die Enzymkomponente aus mindestens zwei Fraktionen, einer farblosen und einer

---

[1]) Zu jener Zeit wurden zahlreiche Schlüsselsubstrate nach ihren Entdekkern benannt. Zu den wichtigsten gehörten: Cori-Ester (Glucose-1-phosphat), Fischer-Ester (Glycerinaldehyd-3-phosphat), Harden-Young-Ester (Fructose-1,6-bisphosphat), Negelein-Ester (1,3-Diphosphoglyzerinsäure), Neuberg-Ester (Fructose-6-phosphat), Nilsson-Ester (Glycerinsäure-3-phosphat) oder Robison-Ester (Glucose-6-phosphat).
Damit waren zumeist die effektivsten Synthesewege verbunden, mußten doch bis Anfang der vierziger Jahre im allgemeinen die Enzymsubstrate selbst hergestellt werden. Zu den wenigen Ausnahmen gehörte „Candiolin" (Fructose-1,6-bisphosphat), das im Handel zu haben war.

gelben. Letztere nannte er „gelbes Ferment" (1932), von dem er ein Derivat kristallisierte und als Luminoflavin identifizierte. 1934 stellte dann Theorell in Warburgs Labor fest, daß sich das „gelbe Ferment" aus einem spezifischen Protein und einem phosphorylierten Riboflavin, wie es Kuhn 1933 auch aus der Milch isoliert hatte, zusammensetzt. Das Riboflavinphosphat oder, wie Warburg es nannte, „Alloxazin-Nukleotid" erwies sich als die katalytisch wirksame prosthetische Gruppe, die reversibel hydriert und dehydriert, reduziert und oxidiert werden kann, und hatte die allgemeine Struktur:
Phosphat-Ribitol-Dimethylisoalloxazin.
Dieses Flavinmononucleotid (FMN) ist aber nur in einigen Fällen die prosthetische Gruppe der gelben Enzyme. In der Mehrzahl der Fälle handelt es sich um ein Flavin-adenin-dinucleotid (FAD), das 1938 ebenfalls von Warburg entdeckt wurde. Sein „Alloxazin-Adenin-Dinukleotid" hatte die allgemeine Struktur:

Phosphat-Ribitol-Dimethylisoalloxazin
|
Phosphat-Ribose-Adenin.

3.3. *„Triphospho- und Diphospho-Pyridin-Dinukleotide"*

Nachdem Warburg so erfolgreich der Enzymkomponente seines cytolysierten Erythrozytensystems nachgegangen war, bestand sein nächstes Ziel in der Aufklärung der chemischen Natur des niedrigmolekularen, hitzebeständigen Coenzyms. Mit Hilfe klassischer Standardmethoden der organischen Chemie erhielt er 1934 das reine Coenzym. Gemessen an den 100 Litern Pferdeblut als Ausgangsmaterial war die Ausbeute in Milligrammhöhe sehr gering. Die chemische Analyse erbrachte drei Moleküle Phosphorsäure, zwei Moleküle Pentose, ein Molekül Adenin und ein Molekül einer noch unbekannten Substanz. Er nannte die Verbindung „Triphospho-Pyridin-Dinukleotid" (TPN). Da die Ausbeute der unbekannten Substanz äußerst klein war, konnten keine üblichen Reihenuntersuchungen zu Konstitutionsermittlung durchgeführt werden. Daten über Elementaranalyse, Schmelzpunkt und Molekulargewicht gestatteten jedoch die einfachste Identifizierung mit dem „Beilstein", dem Handbuch der organischen Chemie, bei der ein enger Freund Warburgs, Walter Schoeller, nachhalf. Auf dessen Feststellung, es handele sich um Nicotinsäureamid, erwiderte Warburg: „Gestern konnten wir es nicht für alles Geld in der Welt kaufen, heute können wir es für zwei Mark pro Pfund kaufen." (vgl. [B 42, S. 50]) Über diese unerwartete Identifizierung des Nicotinsäureamids sagte Warburg auch einmal:

Derartiges passiert einem nicht gerade oft, aber die wenigen Zeugen dieses explosionsartigen Fortschritts werden es nie vergessen. Das sind goldene Momente in dem Leben eines Forschers, wenn ein plötzlich neues Ergebnis so eindeutig ist, daß der Versuch keiner Wiederholung bedarf. (vgl. [B 42, S. 50f.])

Nicotinsäureamid kann als katalytisch aktive Gruppe des Coenzyms hydriert und dehydriert werden und somit leicht Wasserstoffatome übertragen. Heute sind über 150 Dehydrogenasen mit Nicotinsäureamid als Wasserstoffüberträger bekannt.
Viele hatten vor Warburg versucht, die Wirkungsgruppe der Coenzyme, insbesondere von Gärungen, zu identifizieren. Bereits 1906 hatten Harden und Young ihr berühmtes Coenzymexperiment durchgeführt: Nach der Dialyse eines zellfreien Hefeextraktes gelang ihnen durch Kombination des coenzymhaltigen Dialysats mit dem Restextrakt die Wiederherstellung der fermentativen Wirkung. Leider verfolgten beide die Coenzymfrage nicht weiter. In der Folgezeit führten die Schwierigkeiten, das Harden-Young-Experiment zu reproduzieren (aufgrund der Instabilität der Enzyme unter den gewählten Bedingungen), zu zunehmender Skepsis. Kluyver schrieb 1928: „Inzwischen möchten wir vorziehen, den Coenzymbegriff gänzlich aus der Literatur zu streichen ..." [62, S. 258]

Es ist beinahe paradox, daß Warburg, der in so vielen Fällen das Konzept der Dehydrogenierung und die ausgedehnten, früheren Arbeiten von Wieland, Thunberg, Meyerhof und anderen kritisiert hatte, nun selbst den endgültigen Beweis für die Dehydrogenierung als ein bedeutendes Moment der biologischen Oxidation erbrachte. [B 52, S. 287]

Für Warburgs Erfolg waren die Apparaturen, die er sich 1931 für sehr große Substanzmengen in seinem neuen Institut installieren ließ, ausschlaggebend, da hektoliterweise mit Wasser und Aceton hantiert werden mußte, ehe eine Ausbeute von weniger als fünf Gramm erhalten wurde. Das Nicotinsäureamid-Coenzym hatte die allgemeine Struktur:

Phosphat-Ribitol-Nicotinsäureamid
|
Phosphat-Ribitol-Adenin
|
Phosphat

Die genaue Struktur wurde erst 1950 durch Kornberg ermittelt. 1936 wurde in Dahlem, auch aus roten Blutkörperchen, ein zweites Nicotinsäureamid-Coenzym, das nur zwei Moleküle Phosphorsäure enthielt und sich als Coenzym der Glykolyse und alkoholischen Gärung herausstellte, entdeckt und beschrieben. Warburg bezeichnete es als „Diphospho-Pyridin-Dinukleotid" (DPN). Diese Entdeckung gelang ihm „um Nasenlänge" vor von Euler, der bereits 1935 das Coenzym in reiner Form und in großen Mengen aus Hefe erhalten hatte und dann auch gemeinsam mit Fritz Schlenk (1936/37) die molekulare Struktur aufklärte. Warburg hatte selbst in keinem Falle eine komplette Strukturformel für die Coenzyme vorgeschlagen, sondern dies anderen überlassen (vgl. [B 52]). Die von ihm geprägten Termini TPN und DPN waren über 30 Jahre lang im Gebrauch, bis sie durch Nicotinsäureamid-Adenin-Dinucleotid-Phosphat bzw. Nicotinsäureamid-Adenin-Dinucleotid (NADP bzw. NAD) ersetzt wurden.

Warburgs Arbeiten über die „wasserstoffaktivierenden Enzyme" haben das Verständnis der Fermentreaktionen erheblich erweitert. Sie waren die ersten Enzyme, deren Wirkgruppen isoliert und deren katalytische Wirkungen auf stöchiometrisch-chemische Zwischenreaktionen zwischen Enzymen und Substraten zurückgeführt werden konnten. Seine Vorgehensweise zur Isolierung und Kennzeichnung von FMN/FAD und NADP/NAD ermöglichte zugleich die Reindarstellung und Strukturaufklärung anderer Coenzyme, so z. B. des für den gesamten Intermediärstoffwechsel so bedeutsamen Coenzyms A durch Lipmann und Mitarbeiter (vgl. [17]).

Die Entdeckung des Nicotinsäureamids führte auch zu großen Fortschritten bei der Behandlung einiger Krankheiten. 1937 identifizierte Conrad Arnold Elvehjem das Anti-Pellagra-Vitamin Niacin in Leberextrakten mit Warburgs Nicotinsäureamid und ermöglichte damit, Pellagra (ital. pella agra = rauhe Haut) wirkungsvoller zu behandeln. Dies war zugleich einer der ersten Nachweise der Coenzymnatur eines Vitamins. Nachdem Vital

Chorine (1945) die stark hemmende Wirkung von Nicotinsäureamid auf Lepra und Tuberkulose verursachende Mycobakterien gefunden hatte, wurden außerdem die antituberkulöse Wirkung von mit Nicotinsäureamid verwandten Stoffgruppen untersucht und wesentlich wirksamere Arzneimittel entwickelt, so z. B. das noch heute angewendete Isonicotinsäurehydrazid.

4. „Verfolgt mit einem optischen Test, ist bisher noch kein Gärungsferment seiner Isolierung entgangen." [A 11, S. 49]

Mit dieser Feststellung Warburgs ist ein weiteres Kapitel einzigartiger Leistungen verbunden. Mitte der dreißiger Jahre war es international gelungen, die Reaktionen der alkoholischen und Milchsäuregärung zu formulieren, wozu die Deutschen Gustav Embden, Karl Lohmann, Otto Meyerhof, Carl Neuberg, die Engländer Arthur Harden und Dorothy Needham, die Amerikaner Carl und Gerty Cori, der Pole Jakub Parnas und andere wesentliche Beiträge geleistet hatten. Eine Voraussetzung hierfür bildete unter anderem die erst zu dieser Zeit gegebene, breite Verfügbarkeit des sogenannten Fischer-Esters (Glycerinaldehyd-3-phosphat), wofür Hermann O. L. Fischer, ein Sohn Emil Fischers, gemeinsam mit Erich Baer 1932 einen vielstufigen Syntheseweg entwickelt hatte.
Man kannte vom Reaktionsverlauf der Gärungen die katalytische Wirkung der einzelnen Gärungsenzyme, jedoch war noch kein einziges bis zur Kristallisation gereinigt worden. Mit neuen Verfahren gelang es Otto Warburg und seinen Mitarbeitern Christian, Kubowitz, Ott und Bücher zwischen 1937 und 1944, erstmals insgesamt acht (!) der Glykolyse- und Gärungsenzyme in kristallisierter Form darzustellen (s. Übersicht 1). 1953 konnte Bücher, seit 1945 nicht mehr bei Warburg, noch die Triosephosphat-Isomerase

---

Übersicht 1

Anteil Otto Warburgs an der Erforschung der Glykolyse, alkoholischen Gärung und Initialphase des Pentosephosphat-Zyklus
(halbfett: Entdeckung; kursiv: Kristallisation; gesperrt: Reinigung; P – Phospho/Phosphat)

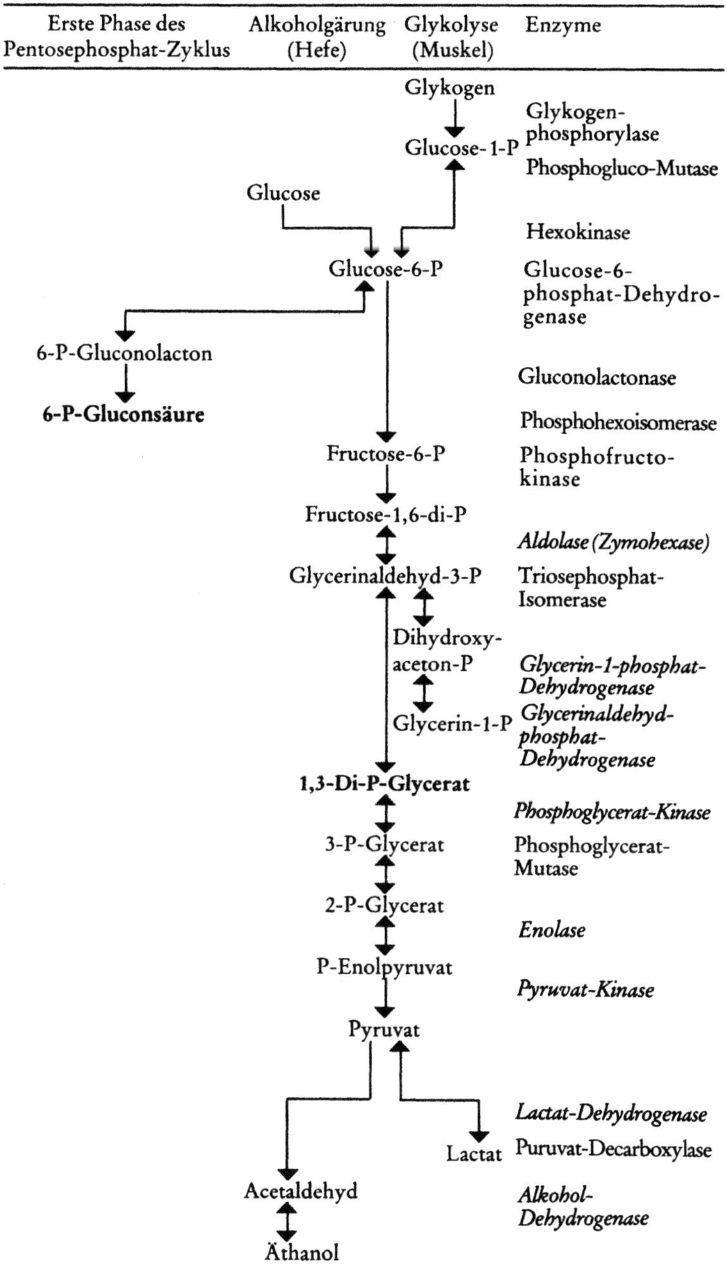
Erste Phase des Pentosephosphat-Zyklus
Alkoholgärung (Hefe)
Glykolyse (Muskel)
Enzyme
Glykogen
Glykogen-phosphorylase
Glucose-1-P
Phosphogluco-Mutase
Glucose
Hexokinase
Glucose-6-P
Glucose-6-phosphat-Dehydrogenase
6-P-Gluconolacton
Gluconolactonase
6-P-Gluconsäure
Phosphohexoisomerase
Fructose-6-P
Phosphofructo-kinase
Fructose-1,6-di-P
Aldolase (Zymohexase)
Glycerinaldehyd-3-P
Triosephosphat-Isomerase
Dihydroxy-aceton-P
Glycerin-1-phosphat-Dehydrogenase
Glycerin-1-P
Glycerinaldehyd-phosphat-Dehydrogenase
1,3-Di-P-Glycerat
Phosphoglycerat-Kinase
3-P-Glycerat
Phosphoglycerat-Mutase
2-P-Glycerat
Enolase
P-Enolpyruvat
Pyruvat-Kinase
Pyruvat
Lactat-Dehydrogenase
Lactat
Puruvat-Decarboxylase
Acetaldehyd
Alkohol-Dehydrogenase
Äthanol

kristallisieren. Andere Enzyme wurden in Warburgs Institut hoch gereinigt. Mit dem „Baranowski-Enzym" (Glycerin-1-phosphat-Dehydrogenase) wurde ein Enzym zugänglich, das einen wichtigen Nebenweg der Glykolyse, der für die Fett- und Phosphatidsynthese bedeutsam ist, katalysiert.

Bei der Isolierung der Gärungsenzyme fanden Warburgs Mitarbeiter Negelein und Brömel 1939 ein neues Zwischenprodukt der Gärung, die 1,3-Diphosphoglycerinsäure, wofür u.a. größere Mengen Fischer-Ester und die Reindarstellung der Glycerinaldehydphosphat-Dehydrogenase die Voraussetzung waren. Die 1,3-Diphosphoglycerinsäure enthält neben einer energiearmen Esterphosphat-Bindung eine energiereiche Phosphorsäureanhydrid-Bindung, deren Energie im Folgeschritt der Glykolyse über eine Transphosphorylierungsreaktion direkt zur ATP-Bildung genutzt wird. Mit dieser Entdeckung wurde das erste Acylphosphat biologischer Systeme bekannt, wodurch man neben der oxidativen oder Atmungskettenphosphorylierung auch die Möglichkeit einer unmittelbaren Substratphosphorylierung für die Synthese von ATP erkannte. Damit war ein Problem gelöst, das seit der frühen Entdeckung der Bedeutung von Phosphaten für die alkoholische Gärung durch Harden und Young (1905) ein „Mysterium" geblieben war.

Die Darstellung der Gärungsenzyme führte 1941 auch zur Aufklärung der Fluoridhemmung der Gärung. Warburg konnte die von Lohmann und Meyerhof entdeckte spezifische Fluoridhemmung der Enolaseaktivität auf ein Magnesium-Fluor-Phosphat zurückführen.

Grundlage für diese enormen Fortschritte in der Enzymatik der Gärungsprozesse waren die neuen optischen Tests der Enzymaktivität, die innerhalb weniger Minuten mittels geringer Mengen ausgeführt werden konnten und die vormaligen, mühsamen Bestimmungen der Substrate und Produkte ablösten. Da reduziertes Pyridin-Nucleotid unmittelbar mit den Hauptreaktionen der Gärung verbunden ist, ließen sich die Reaktionen durch Messung der Absorptionsänderungen bei 340 nm verfolgen. Auch die Enolbande von Phosphoenolpyruvat bei 240 nm erwies sich hierbei als sehr informativ (s. S. 56). Eine andere methodische Neuheit bestand im Einsatz von Protamin für die Entfernung der Nucleinsäuren aus den Proteinlösungen, ein heutiges Standardverfahren.

Die Kristallisation der Gärungsenzyme führte zu einer sprunghaften Fortentwicklung mikroanalytischer Untersuchungen. Zahlreiche biologische Substanzen wurden aufgrund der hohen Empfindlichkeit und Spezifität der reinen Enzyme quantitativ bestimmbar.

Die Aufklärung der Reaktionssequenz der Glykolyse und die Isolierung der sie katalysierenden Enzyme sowie die Aufdeckung des in sie eingeschlossenen NAD/NADH-Cyclus stimulierte sehr die Aufklärung auch anderer Reaktionsfolgen des intermediären Stoffwechsels: Krebs und Henseleit entdeckten 1932 den Harnstoffcyclus, Krebs 1937 den Citronensäurecyclus, Lynen später den stufenweisen Abbau der Fettsäuren und die ebenfalls schrittweise erfolgende Synthese von Fettsäuren, Steroiden und anderen Substanzen. Es setzte sich damit langsam eine neue grundlegende Erkenntnis durch, nämlich die Aufgliederung des komplexen Gesamtsystems des Stoffwechsels in Subsysteme. [B 29, S. 38]

Warburgs Arbeiten zur Kristallisierung glykolytischer Enzyme und spektralphotometrischen Messung ihrer Aktivität führten letztlich zur Herausbildung eines neuen, bedeutenden Zweiges der chemischen Industrie, der biochemischen Industrie zur Produktion von reinen Enzymen, Coenzymen und Substraten. Zwar waren einige Enzympräparate (z. B. Urease oder Pepsin) bereits seit längerem im Handel, aber nur in begrenztem Maße. Erst aus Warburgs Laboratorien gingen die Methoden hervor, die in ihrer Nachweisempfindlichkeit und spezifischen Aussagekraft ein leistungsfähiges Rüstzeug für die industrielle Herstellung biochemischer Substanzen darstellten. Auf ihrer Grundlage wurde Ende der vierziger Jahre mit der produktionsmäßigen Herstellung von Enzymen begonnen. Dies ist ein Beispiel mehr, daß von einer soliden Grundlagenforschung früher oder später wichtige praktische Anwendungen ausgehen.

5. *Wegzeichen zum Pentosephosphat-Cyclus*

Im Jahre 1935 entdeckte Warburg die Bildung von Phosphogluconsäure aus Glucose-6-phosphat, einem Schlüsselsubstrat der Glykolyse (s. Übersicht 1). Diese Reaktion erwies sich als der erste Schritt im Pentosephosphat-Cyclus, wodurch diese Reaktionsfolge, die u. a. für die Biosynthese der Nucleinsäuren von Bedeutung ist, biochemischen Analysen zugänglich wurde.

6. *„Es gibt kein ‚Quantenrätsel' der Photosynthese!" (vgl. [B 50])*

Sein Interesse an bioenergetischen Fragen führte Warburg 1914 zum Studium der Photosynthese. Besonders beschäftigte ihn die Frage nach der thermodynamischen Nutzleistung und der primären Lichtreaktion der Photosynthese, die er als „photochemische Reaktion" bezeichnete. Untersuchungen seines Vaters, der mit Studien über die photochemische Spaltung von Brom- und Jodwasserstoff durch UV-Licht das 1912 von Einstein begründete Gesetz der photochemischen Äquivalenz erstmals experimentell bestätigt hatte, bekräftigten ihn in der Wahl dieses Forschungsgegenstandes. Das Gesetz fordert für eine photochemische Primärreaktion die Absorption je eines Lichtquantes pro Molekül. Zunächst schuf sich Otto Warburg die für seine Problemstellung erforderliche methodische Grundlage. Im Laboratorium seines Vaters waren bereits Methoden für Lichtintensitätsmessungen (Bolometrie) ausgearbeitet worden. Es kam nun darauf an, diese bolometrischen Methoden mit Geschwindigkeitsmessungen der Photosynthese zu koppeln. Methoden zur quantitativen Bestimmung der Geschwindigkeit der Photosynthese lagen jedoch nicht vor, so daß Warburg erneut methodisches Neuland beschreiten mußte (s. S. 59). Mit seiner neuen Methodik prüfte Warburg Einsteins Gesetz der photochemischen Äquivalenz. Er führte dazu 1919 seine ersten Versuche bei Anregung mit alternierender Belichtung durch und ermittelte 1922 zusammen mit Negelein, daß bei niedrigen Beleuchtungsstärken vier Lichtquanten ausreichen, um ein Sauerstoffmolekül freizusetzen.
Bekanntlich ist nach der Bilanzgleichung der Photosynthese

$$CO_2 + H_2O \longrightarrow (CH_2O) + O_2 \quad \text{(Bruttogleichung)}$$

eine freie Enthalpie von 477 kJ pro Mol freigesetzten Sauerstoffs erforderlich. Da ein Lichtquant der roten Spektralregion, dem Wirkungsbereich der photosynthetischen Primärreaktion, nur etwa 168 kJ liefert, entspräche der von Warburg ermittelte Bedarf von vier Quanten einem Wirkungsgrad der Umwandlung von

Strahlungs- in chemische Energie von rund 70 %. Dieses Ergebnis sowie das Zusammenwirken von vier Quantenabsorptionen erregte große Aufmerksamkeit. Zudem schien es dem Einsteinschen photochemischen Äquivalenzgesetz zu widersprechen. Alle bis dahin aufgeklärten photochemischen Reaktionen waren Einquanten-Prozesse. Wenn aber ein Lichtquant nur etwa ein Drittel der aufzuwendenden Energie liefern kann, wo kam dann die „Rest"-Energie her? Das war das „Quantenrätsel" der Photosynthese, das ins Kreuzfeuer wissenschaftlicher Polemik geriet.

Vor allem in den dreißiger Jahren vollzogen viele Wissenschaftler mit Warburgs Methoden die Bestimmung des Quantenbedarfs der Photosynthese nach und errechneten weit höhere Werte. Zudem fand Emerson 1939, daß grüne Algen bei Belichtung nicht nur Kohlendioxid fixieren, sondern auch freisetzen. Unter Berücksichtigung dieses Kohlendioxidausstoßes erhielten die meisten Autoren (Emerson, J. Franck, Walter E. Loomis, Gaffron, Eugene I. Rabinowitch u. a.) einen Mindestquantenbedarf von zehn bis zwölf pro freigesetztes Sauerstoffmolekül. Damit setzte sich Warburg vor allem nach 1945 auseinander.

Der von ihm errechnete Quantenbedarf und ein Befund von Emerson und Arnold (1932), wonach ein „Reaktionspartner der Photosynthese" in viel kleineren Konzentrationen als Chlorophyll vorliegt (etwa 1 : 2 500), führten schon 1936 folgerichtig zur Postulierung von Energieübertragungsmechanismen. Gaffron und Kurt Wohl wiesen darauf hin, daß die hohe Quantenausbeute bei niedrigen Bestrahlungsstärken nur möglich sein könne, wenn die irgendwo im Bereich von etwa 2 500 Chlorophyllmolekülen absorbierten Quanten durch einen entsprechenden Mechanismus an den in geringerer Zahl vorliegenden „Reaktionspartnern" wirksam werden können.

Warburgs Arbeiten sind untrennbar mit Untersuchungen zum Einfluß der Lichtqualität auf den Energieumsatz der Photosynthese verbunden. Als einer der ersten hatte Charles Daubeny (1836) die Abhängigkeit der Photosyntheseaktivität von der Wellenlänge des eingestrahlten Lichtes untersucht und dabei auf geringe Differenzen verwiesen. Spätere Autoren des 19. Jahrhunderts erhielten hohe Photosyntheseraten vor allem unter gelbgrünem Licht. Ihre Ergebnisse waren jedoch durch unkontrollierte Lichtintensitäten verfälscht. 1882 berichtete Engelmann über ein Experiment, in dessen Verlauf er die Verteilung von aeroben Bakterien entlang der Schraubenalge *Spirogyra* bei verschiedener spektraler Beleuchtung beobachtete. Er fand, daß rotes und blaues Licht am effektivsten wirken und die grüne Spektralregion nur geringen Einfluß hat. Warburg begann sich 1920 mit dem Wirkungsspektrum der Photosynthese zu beschäftigen und ermittelte an der Physikalisch-Technischen Reichsanstalt erstmalig den „Nutzeffekt" der CO_2-Assimilation, d. h. die von der absorbierten Strahlung hervorgebrachte chemische Wirkung. In Weiterverfolgung dieser Problematik bestimmte er dann 1923 gemeinsam mit Negelein die relative Photosyntheseeffektivität von *Chlorella* in blauem, grünem, gelbgrünem und rotem Licht (436 : 546 : 578 : 660 nm ≙ 33,8 : 44,4 : 53,5 : 59 % Ausbeute). Er bestätigte damit die Beobachtung Engelmanns über den hohen Wirkungsgrad der roten Lichtstrahlung.

7. *Untersuchungen zur Pflanzenernährung*

Otto Warburg hatte sich am Rande seiner Untersuchungen zum Energieumsatz der Kohlendioxidassimilation gleichfalls mit einigen Pflanzennährstoffen befaßt.
Unter dem Titel „Über die Reduktion der Salpetersäure in grünen Zellen" veröffentlichte er 1920 seine Untersuchungen zur Nitratreduktion in grünen Pflanzen. Es war bekannt, daß Licht diese Reduktion beschleunigte. Die genaue Reduktionsgeschwindigkeit konnte aber noch nicht quantitativ bestimmt werden, da in nitratreduzierenden Zellen Oxidationsprozesse stark vorherrschen. Warburg ersann ein einfaches Verfahren, womit die Geschwindigkeit der Nitratreduktion derart beschleunigt wurde, daß sie zur bestimmenden Reaktion und über die Bildung von Ammoniak und Sauerstoff leicht meßbar wurde. Er suspendierte Algen *(Chlorella)* in einem Nitrat/Salpetersäure-Gemisch, wodurch bereits im Dunkeln folgende Bilanzreaktion abläuft:

$$HNO_3 + H_2O \longrightarrow NH_3 + 2\,O_2 .$$

Im Ergebnis seiner Versuche nahm er einen Zusammenhang der Nitratreduktion mit dem Kohlenstoffmetabolismus und folglich bei Belichtung mit der Photosynthese an. Warburgs Vorstellung über die Beschleunigung der Reduktion von Nitrat durch Licht bestand darin, daß in einer Dunkelreaktion Nitrat mit Kohlenhydraten reagiere, wobei Ammoniak und CO_2 entstünden. CO_2 würde dann in einem weiteren Schritt photosynthetisch in Kohlenstoff rückreduziert.

$$\begin{array}{lll} \text{Dunkelheit:} & 2\,C + HNO_3 + H_2O \longrightarrow & 2\,CO_2 + NH_3 \\ \text{Licht:} & 2\,CO_2 \xrightarrow{h\nu} & 2\,C + 2\,O_2 \\ \hline \text{Bilanz:} & NHO_3 + H_2O \longrightarrow & NH_3 + 2\,O_2 \end{array}$$

Wenn man den Wissensstand über die photosynthetischen Reaktionen von 1920 betrachtet, muß eingeräumt werden, daß Warburgs und Negeleins Interpretation der photochemischen Nitratreduktion als die wahrscheinlichste erschien. [67, S. 67]

Daß Nitratreduktion und Lichtwirkung aber nicht nur indirekt, sondern direkt ohne photosynthetische Mitwirkung zusammenhängen, konnte erst infolge des immer besseren Verständnisses der Teilschritte der Photosynthese erkannt werden. NADP, Flavinnucleotid und Ferredoxin werden durch Lichtenergie reduziert und bewirken ihrerseits wieder die Reduktion von Nitrat zu Nitrit und Nitrit zu Ammoniak. Warburg revidierte 1948 selbst seine früheren Vorstellungen:

Betrachtet man jedoch die photochemische Wirkung der *Chlorella* auf Chinon und auf Nitrat als analoge Vorgänge, so wird man annehmen, daß auch die photochemische Nitratreduktion nicht durch Vermittlung der Kohlensäure, sondern direkter erfolgt. [A 8, S. 184]

Neben seinem Anteil an der Erforschung der Nitratreduktion trug Warburg auch zur Aufklärung der Chloridwirkung in Pflanzen bei. Als 1954 gefunden wurde, daß Chlorid für das Wachstum der Pflanzen lebenswichtig ist, konnten sofort Angaben zum Wirkungsort des Anions gemacht werden – ein Umstand, der Warburg zu danken und wohl einzigartig in der pflanzlichen Ernährungsphysiologie war. Warburg hatte nämlich bereits 1944/45 entdeckt (und 1946 veröffentlicht), daß Chlorid ein nicht zu ersetzender essentieller Cofaktor der Hill-Reaktion ist.

Leben und Werk Warburgs von 1945 bis zu seinem Tode 1970

Das Jahr 1945 bedeutete auch für Otto Warburg einen Neuanfang. In sein Privathaus zurückgekehrt, nahm er offenbar aus Ungewißheit über das weitere Schicksal der KWG und speziell seines Dahlemer Institutes eine Berufung in den Aufsichtsrat der Firma Schering an, dem er bis 1966 angehörte. Das KWI für Zellphysiologie blieb bis 1948 Sitz des „Berlin High Command" der US-Amerikaner. Erst jetzt konnte Warburg an die Wiedereinrichtung seines „Kaiserwilhelminstitutes" denken, das bereits 1947 formal in die im amerikanischen Sektor von Berlin in Nachfolge der KWG gegründete „Deutsche Forschungshochschule" eingegliedert worden war. Die Zeit, in der er noch nicht wieder experimentell arbeiten konnte, nutzte er für größere Veröffentlichungen, Vorträge und Arbeitsbesuche.

So stellte Warburg sein 1944 begonnenes Buch „Schwermetalle als Wirkungsgruppe von Fermenten" (1946) fertig, dem 1948 ein zweites folgte: „Wasserstoffübertragende Fermente". In beiden Werken, die schnell vergriffen waren und Nachauflagen erlebten, faßte er frühere Arbeiten zusammen. Es entsprach einer Warburgschen Maxime, seine Originalarbeiten von Zeit zu Zeit in Monographien zusammenzufassen und in Beziehung zu den Arbeiten anderer Forscher kritisch zu ergänzen. Das hatte er bereits in den zwanziger Jahren so getan und sollte es auch Anfang der sechziger Jahre noch einmal praktizieren. Seine so entstandenen fünf großen Monographien erfuhren neben den anderen eigenständigen Veröffentlichungen (s. Übersicht im Anhang, S. 165) als „Resultatsammlung, Methodenkatalog und Ideenspender" eine hohe Wertschätzung.

Im Juni 1948 begann für Warburg ein 14monatiger Amerikaaufenthalt. Auf Einladung der Universität von Illinois besuchte er Emerson in Urbana, von wo er zu Burk an die National Institutes of Health in Bethesda/Maryland weiterreiste, um vor allem seine früheren Photosynthesearbeiten zu propagieren und weiterzuführen. Weitere Einladungen führten ihn zu Hendricks an das Department of Agriculture in Beltsville/Maryland sowie zu Barron an die Marine Biological Laboratories in Woods Hole/Massachusetts. Hier traf er Meyerhof, Neuberg, Franck, Gaffron und andere „alte Dahlemer“ wieder, die ihm anboten, ebenfalls in den USA zu bleiben. Warburg lehnte dies ebenso entschieden ab wie nach der Rückkehr im Sommer 1949 die Anregung von Karl Thomas, an der Medizinischen Forschungsanstalt in Göttingen zu arbeiten.

Am 8. Mai 1950 wurde schließlich das KWI für Zellphysiologie in Berlin-Dahlem wiedereröffnet. Nach dem Scheitern der „Deutschen Forschungshochschule“ kam man im November 1952 überein, es der 1948 als Nachfolgeorganisation der KWG gegründeten Max-Planck-Gesellschaft zur Förderung der Wissenschaften (MPG) anzugliedern. Diese 1953 erfolgende Übernahme gestaltete sich relativ schwierig, da Warburg forderte, seinen alten Anstellungsvertrag mit der KWG beizubehalten und ihn nur auf seinen eigenen Antrag hin emeritieren zu dürfen. „Angesichts der Bedeutung der Gesamtlösung der Frage der (West-)Berliner Institute“ akzeptierten die MPG und der Senat von Westberlin diese ungewöhnlichen Bedingungen (vgl. [B 23, S. 310]).

Warburgs Arbeits- und Wohnstätten lagen nach 1945 in unterschiedlichen Hoheitsgebieten, Berlin-Dahlem im US-amerikanischen Sektor von Berlin, Liebenberg und Nonnevitz in der sowjetischen Besatzungszone bzw. ab 1949 in der DDR. Durch Sonderregelungen wurde ihm – auch nach der Spaltung Berlins – weitestgehende Bewegungsfreiheit eingeräumt. So erhielt er später durch Vermittlung von Ardennes einen Paß, der ihm jederzeit Zutritt zum Territorium der Deutschen Demokratischen Republik ermöglichte – ein Ausdruck außergewöhnlichen Entgegenkommens der Regierung der DDR. Samuel Mitja Rapoport, einer der Nestoren der Biochemie in der DDR, erinnert sich:

> Warburg hatte ständigen Kontakt zum Forschungszentrum in Berlin-Buch, das oft seinen weisen Rat nutzen durfte, und war häufig Gast des Institutes für Physiologische und Biologische Chemie in der Hessischen Straße [Berlin-Buch war der neue Wirkungsort von Lohmann und Negelein geworden. Lohmann, später Rapoport, leitete ferner das biochemische Institut der Humboldt-Universität in der Hessischen Straße – d. A.]. Denkwürdig ist eine Vorlesung im überfüllten Emil-Fischer-Hörsaal [im April 1956 – d. A.]. Eine Reihe von Wissenschaftlern aus der DDR hatte das Glück, öfter Warburg zu sehen und sein Wohlwollen zu genießen. [B 49, S. 5 f.] (Abb. 16 und 17)

16 Otto Warburg und Karl Lohmann auf dem III. Internationalen Symposium über Struktur und Funktion der roten Blutkörperchen an der Humboldt-Universität, Berlin 1960 (Foto: Dozent Dr. Günter Sauer, Berlin)

17 Pausengespräch zwischen dem Mediziner und Gesundheitspolitiker Maxim Zetkin, dem Biochemiker Samuel Mitja Rapoport und Otto Warburg (v. l. n. r.) auf einer Fachtagung im Rahmen der 150-Jahr-Feier der Humboldt-Universität, Berlin 1960 (ADN-ZB/Eckleben)

Gerade auch in den Jahren des kalten Krieges bewahrte sich Warburg eine objektive und realistische Haltung. Besonders enge Kontakte bestanden zur wiedererneuerten Deutschen Akademie der Wissenschaften zu Berlin, seit 1972 Akademie der Wissenschaften der DDR, die ihn am 21. Oktober 1946 zu ihrem Mitglied wählte (Abb. 18). Der Aufnahmeantrag, von dem Vizepräsidenten und Geologen Hans Stille, dem Pharmakologen Wolfgang Otto Heubner und dem Pathologen Robert Rössle im April 1946 gestellt, trägt eine handschriftliche Anmerkung des ersten Präsidenten der neuerstandenen Akademie Johannes Stroux: „Wieder-

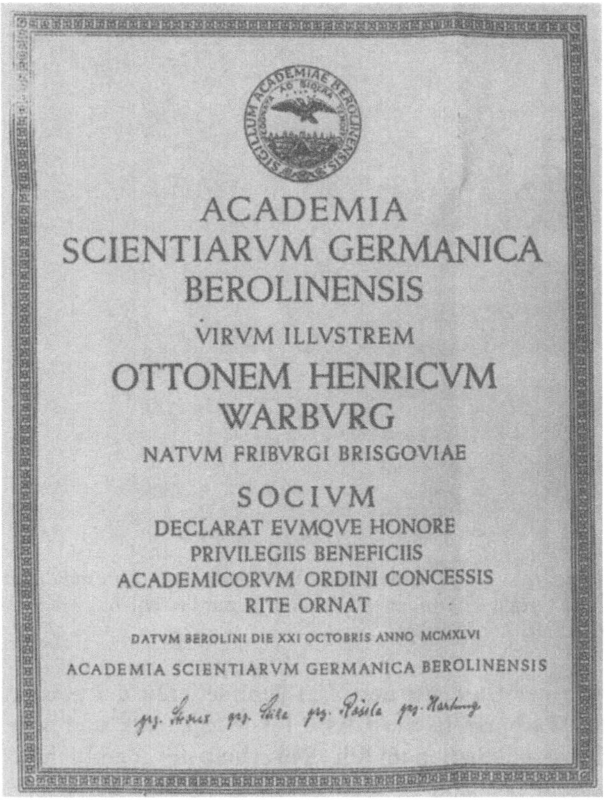
ACADEMIA
SCIENTIARVM GERMANICA
BEROLINENSIS
VIRVM ILLVSTREM
OTTONEM HENRICVM
WARBVRG
NATVM FRIBVRGI BRISGOVIAE
SOCIVM
DECLARAT EVMQVE HONORE
PRIVILEGIIS BENEFICIIS
ACADEMICORVM ORDINI CONCESSIS
RITE ORNAT
DATVM BEROLINI DIE XXI OCTOBRIS ANNO MCMXLVI
ACADEMIA SCIENTIARVM GERMANICA BEROLINENSIS

18 Warburgs Mitgliedsdiplom der Deutschen Akademie der Wissenschaften zu Berlin (seit 1972 AdW der DDR) aus dem Jahre 1946 [B 5]

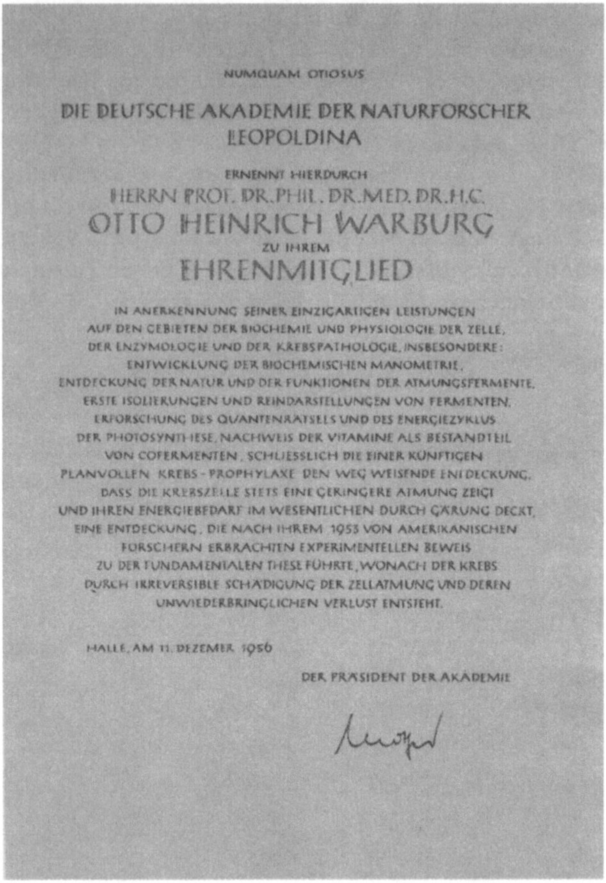

NUMQUAM OTIOSUS

DIE DEUTSCHE AKADEMIE DER NATURFORSCHER
LEOPOLDINA

ERNENNT HIERDURCH
HERRN PROF. DR. PHIL. DR. MED. DR. H.C.
OTTO HEINRICH WARBURG
ZU IHREM
EHRENMITGLIED

IN ANERKENNUNG SEINER EINZIGARTIGEN LEISTUNGEN
AUF DEN GEBIETEN DER BIOCHEMIE UND PHYSIOLOGIE DER ZELLE,
DER ENZYMOLOGIE UND DER KREBSPATHOLOGIE, INSBESONDERE:
ENTWICKLUNG DER BIOCHEMISCHEN MANOMETRIE,
ENTDECKUNG DER NATUR UND DER FUNKTIONEN DER ATMUNGSFERMENTE,
ERSTE ISOLIERUNGEN UND REINDARSTELLUNGEN VON FERMENTEN,
ERFORSCHUNG DES QUANTENRÄTSELS UND DES ENERGIEZYKLUS
DER PHOTOSYNTHESE, NACHWEIS DER VITAMINE ALS BESTANDTEIL
VON COFERMENTEN, SCHLIESSLICH DIE EINER KÜNFTIGEN
PLANVOLLEN KREBS-PROPHYLAXE DEN WEG WEISENDE ENTDECKUNG,
DASS DIE KREBSZELLE STETS EINE GERINGERE ATMUNG ZEIGT
UND IHREN ENERGIEBEDARF IM WESENTLICHEN DURCH GÄRUNG DECKT,
EINE ENTDECKUNG, DIE NACH IHREM 1953 VON AMERIKANISCHEN
FORSCHERN ERBRACHTEN EXPERIMENTELLEN BEWEIS
ZU DER FUNDAMENTALEN THESE FÜHRTE, WONACH DER KREBS
DURCH IRREVERSIBLE SCHÄDIGUNG DER ZELLATMUNG UND DEREN
UNWIEDERBRINGLICHEN VERLUST ENTSTEHT.

HALLE, AM 11. DEZEMBER 1956

DER PRÄSIDENT DER AKADEMIE

19 Leopoldina-Diplom zur Ernennung Warburgs zum Ehrenmitglied, Halle 1956 (Das Original befindet sich im Archiv zur Geschichte der Max-Planck-Gesellschaft, Berlin-West)

gutmachung eines Unrechts der Nazi-Periode“. Mit der einstimmigen Wahl Warburgs in die Klasse für Mathematik und allgemeine Naturwissenschaften im Juli 1946 erhielt der „den Biologen und Medizinern der ganzen Welt bekannte Meister der experimentellen Zellforschung“, wie es bei der Aufnahme hieß [B 5], einen ihm seit langem gebührenden Platz, den ihm, wie vielen anderen, faschistische Willkür und Arroganz vorenthalten hatten.

Auf Vorschlag ihres Präsidenten Kurt Mothes wurde Otto Warburg gemeinsam mit Otto Hahn im Dezember 1956 als Ehrenmitglied auch in die Deutsche Akademie der Naturforscher Leopoldina aufgenommen (Abb. 19, [B 6]).

Ausdruck einer außergewöhnlichen Wertschätzung war auch, daß die MPG der BRD, eingedenk seiner Bedingung von 1952 für die Übernahme des Westberliner Instituts, in Warburgs Falle nicht die üblichen Pensionierungsbestimmungen in Anwendung brachte und ihm praktisch keine Altersgrenze für seine Tätigkeit als Institutsdirektor setzte. Wenn es auch seine ausgesprochene Absicht war, in den Ruhestand zu treten, falls er sich nicht mehr den Anforderungen gewachsen fühlte, kam es doch niemals dazu. Es blieb bei einem einzigen Versuch, als er 1966 beantragte, Frau Professor Birgit Vennesland vom Biochemie-Department der Universität von Chicago „in seine Nachfolge zu berufen" (vgl. [B 23, S. 312]). Die gebürtige Norwegerin hatte über Probleme des intermediären Stoffwechsels von Kohlenhydraten und organischen Säuren, Enzymwirkungsmechanismen und vor allem auch auf photosynthetischem Gebiet, 1963 unter anderem gemeinsam mit Mitarbeitern Warburgs, gearbeitet. Die 1967 in die Hände der Amerikanerin gelegte Leitung des Max-Planck-Institutes (MPI) für Zellphysiologie bewährte sich jedoch nur als Interimslösung. Warburg blieb Direktor, warf die Frage seines Rücktritts nicht mehr auf und hatte bis zuletzt die Hoffnung, noch grundlegende Arbeiten vollenden zu können. Sein Vertrauen in die eigene Tatkraft und Zukunft war offenbar noch so groß, daß er 1968 sogar die offiziellen Feierlichkeiten zu seinem 85. Geburtstag zugunsten des „lohnenderen" 90. ausfallen ließ.

In seinen letzten beiden Lebensjahrzehnten (Abb. 20 und 21) waren es neben immer weiter verbesserten methodischen Lösungen, mit denen er hervortrat, vor allem zwei Probleme, die ihn herausforderten. Betrachtet man die Themen seiner Vorträge auf den seit 1951 stattfindenden Lindauer Nobelpreisträgertagungen, so wird das deutlich (vgl. [2]):

„Das Quantenproblem der Photosynthese" (1951),

„Experimente zur Chemie der Photosynthese" (1954),

„Chemie der Photosynthese" (1963),

„Über die letzte Ursache und über die entfernten Ursachen des Krebses" (1966).

20 Otto Warburg auf Sylt 1953 [77, S. 449]

Bis zu seinem Lebensende veröffentlichte Warburg jährlich etwa fünf bis zehn experimentelle Arbeiten, die jedoch nicht mehr so bahnbrechend waren, wie die seiner vorangegangenen vier Forschungsjahrzehnte. Er befaßte sich fast ausschließlich mit Problemen der Energetik und interessierte sich nach wie vor in erster Linie für die Gesamtbilanzen der Energieumwandlungen. Diese globale Betrachtungsweise, die zu der Zeit, als er seine Untersuchungen begann, hochwichtige Zusammenhänge erhellte, war jedoch nicht mehr zeitgemäß. So kritisierte Hans Krebs, daß er sich nicht ernstlich für die Zwischenstufen bei der Photosynthese oder für die allgemeine Biologie des Wachstums und für die das Wachstum regulierenden Mechanismen interessierte. Als besonders nachteilig betrachtete es Krebs, daß er auch im Alter nicht gewillt war, im gleichberechtigten Forscherkollektiv mit jüngeren selbständigen Wissenschaftlern kritisch zusammenzuarbeiten und zu streiten.

Otto Warburg war nahezu bis zum letzten Atemzug wissenschaftlich tätig. In der letzten Juliwoche 1970 blieb er dem Institut fern, da er sich unwohl fühlte, und beschäftigte sich zu Hause mit Lesen und Schreiben. Seit er 1968 von der Leiter in der Institutsbibliothek gestürzt war und sich einen Oberschenkelhalsbruch zu-

21 Der 82jährige Warburg in seinem Laboratorium 1966 [B 42, S.113]

gezogen hatte, von dem er nicht mehr völlig genas, hatte er schon öfters dem Institut fernbleiben müssen. Am Abend des 1. August 1970 erlag er im 87. Lebensjahr in seinem Westberliner Haus plötzlich einer Lungenembolie. Die Beisetzung auf dem Friedhof der alten Dorfkirche in Dahlem fand in kleinem Kreise statt.

Die noch laufenden Forschungsarbeiten in Warburgs Institut wurden unter der kommissarischen Leitung von Feodor Lynen abgeschlossen. Seit dem Tode seines Direktors hatte das Institut aber als eines der „klassischen Ein-Mann-Institute" (Reimar Lüst) der KWG bzw. MPG seinen Sinn verloren, so daß der Senat der MPG im März 1972 beschloß, das Institut für Zellphysiologie nicht weiterzuführen und zum Archiv- und Bibliotheksgebäude der Gesellschaft umzugestalten. Am 8. März 1978 erfolgte die offizielle Eröffnung des neuen „Otto-Warburg-Hauses" (vgl. [B 23]).

Auch wenn Warburgs wissenschaftliche Leistungen nach 1945 kritischer zu werten sind als seine einzigartigen Arbeiten der vorangegangenen Jahre, hatten sie doch keinen geringen Einfluß auf die Naturforschung jener Zeit und zählen unverzichtbar zum wissenschaftshistorischen Fundus unserer jüngeren Vergangenheit.

Methodische Weiterentwicklungen

Es war für Warburg kennzeichnend, daß er permanent auch weiterhin um die Vervollkommnung seines methodischen Rüstzeuges bemüht war. Noch 1962 faßte der fast Achtzigjährige in einer über 650 Seiten starken, bemerkenswerten Monographie die „Weiterentwicklung der zellphysiologischen Methoden, angewandt auf Krebs, Photosynthese und Wirkungsweise der Röntgenstrahlen" zusammen.

Wenn er auch seine Manometrie im wesentlichen in den zwanziger Jahren entwickelt hatte, so kamen in den fünfziger Jahren wichtige Verbesserungen hinzu. Neben der Einführung der geradlinigen Bewegung der Druckgefäße wurden verschiedene Peripheriegeräte (Kathetometermikroskop, Bolometer und Monochromator) durch Neuentwicklungen ersetzt. Die alten Manometriegefäße (Abb. 22) wurden durch neue Anhänger- und Wannengefäße sowie Universalgefäße (Abb. 23) vollständig verdrängt. Die Anhängergefäße hatten den Vorteil, daß die Zellen in ihren physiologischen Medien nicht mehr durch Carbonatgemische geschädigt wurden. Durch Wannen in den Druckgefäßen war es möglich, Substanzen ohne Öffnung der Gefäße zu mischen, wodurch während des Versuches von anaeroben zu aeroben bzw. von aeroben zu anaeroben Bedingungen übergegangen werden konnte. Mit Hilfe der Universalgefäße konnten drei verschiedene Gase im Gefäß gebildet werden, ohne es zu öffnen.

Für seine Arbeiten zur Photosynthese entwickelte Warburg analog zu seinen früheren Arbeiten über die Zellatmung Verfahren, die durch Hemmstoffwirkungen Aufklärung versprachen. 1954 hatte er gefunden, daß die Lichtreaktion der Photosynthese gegenüber Narkotika besonders empfindlich ist, während die Dunkelreaktion stark durch Blausäure beeinflußt werden kann.

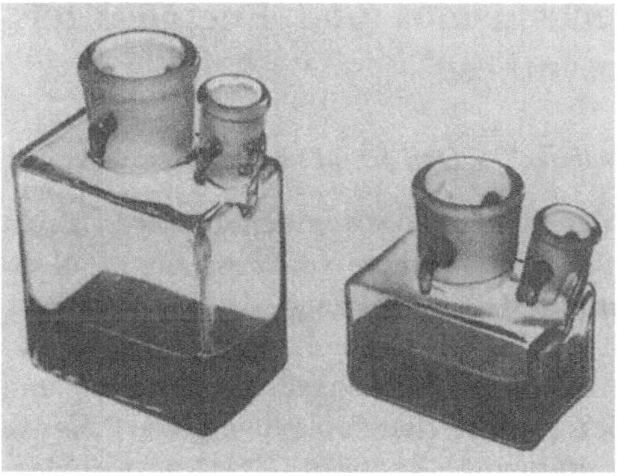

22 Erste Warburg-Druckgefäße [A 11, S.317]

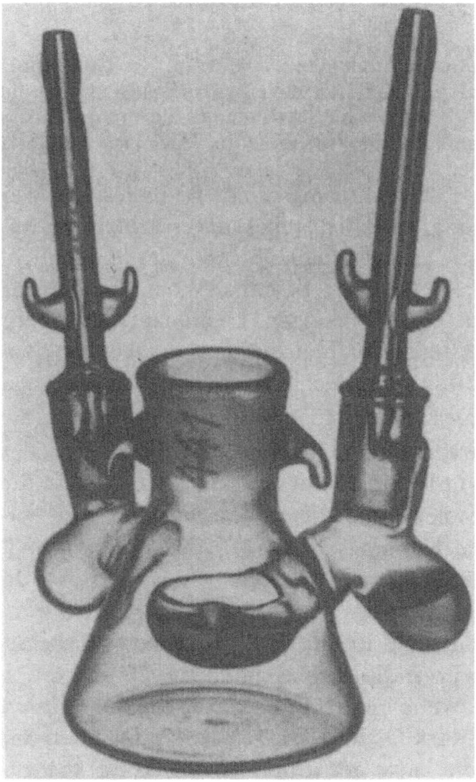

23 Weiterentwikkeltes Warburg-Druckgefäß: Universalgefäß mit Wanne und zwei Birnen [A 11, S.376]

„Ein-Quanten-Mechanismus und Energie-Kreisprozeß der Photosynthese“

1. „Die photochemische Reaktion“ – Drei Schritt' vorwärts, zwei zurück!

Obwohl die Mehrheit der Photobiologen in den dreißiger Jahren einen Quantenbedarf der Photosynthese von zehn bis zwölf ermittelt hatte, blieb Warburg davon überzeugt, daß die Photosynthese ein Ein-Quanten-Prozeß sei. Die höheren Befunde seiner Kollegen führte er auf abweichende, mangelhafte Anzucht- und Meßbedingungen zurück (unzureichende Sättigung von *Chlorella* mit dem „Photolyten“ aufgrund zu geringen CO_2-Drucks, fehlender Hell-Dunkel-Wechsel bei der Anzucht unter künstlichem Licht und fehlender Zusatz von blaugrünem Licht bei der Messung).

> ... heute, wo die physikalischen Methoden zur Messung des Quantenbedarfs der Photosynthese bis zur Vollkommenheit entwickelt sind, [ist] die reproduzierbare Züchtung von Zellen bestimmter Eigenschaften das Hauptproblem der Energetik der Photosynthese. [A 23, S. 358]

Ferner suchte er nach einer Erklärung seines Befundes von vier Quanten in der Hoffnung, ein noch unbekanntes Prinzip zu finden, durch das die relativ energiearmen Quanten des Sonnenlichtes eine photochemische Reaktion bewirken könnten, die das Dreifache der Energie eines einzelnen Lichtquants erfordert. Durch drastisches Verkürzen der Belichtungsintervalle der *Chlorella*-Kulturen bei der Messung erreichte er schließlich gemeinsam mit dem Amerikaner Dean Burk (1950) Versuchsergebnisse, die dem postulierten Wert von einem Quant entsprachen; d. h., jedes einzelne Lichtquant würde die Reduktion eines CO_2- bzw. die Freisetzung eines O_2-Moleküls bewirken. Warburg und Burk entwickelten daraufhin die Hypothese, daß sich die photosynthetische Energieumwandlung in zwei Hauptschritten vollziehe: in einer Ein-Quanten-Lichtreaktion und einem Energie-Kreisprozeß. Die erste Reaktion setze in einem Ein-Quanten-Mechanismus Sauerstoff frei und wandle eine „gebundene CO_2-Form“ in Kohlenhydrat um; die zweite liefere als oxidative Dunkelreaktion zusätzlich Energie für die CO_2-Reduktion. Die Ein-Quanten-Reaktion sei schließlich die lange gesuchte Primärreaktion, die mit dem photochemischen Äquivalenzgesetz Einsteins im Einklang stehe.

Chemosynthese und Photosynthese wirken also bei der Assimilation der Kohlensäure in den grünen Pflanzen zusammen. Die Chemosynthese liefert die dem Lichtquant fehlende Energie, erhält aber, nachdem das Lichtquant gewirkt hat, ihren aufgewendeten Brennstoff von der Photosynthese wieder zurück. [A 21, S. 410]

Die Ein-Quanten-Reaktion könnte ein Drittel der erforderlichen Gesamtenergie erbringen, deren weitere zwei Drittel durch die Dunkeloxidation von zwei Dritteln des gebildeten Kohlenhydrats geliefert würden. Der Photosynthese läge demzufolge ein „Drei-Schritt' vorwärts, zwei zurück!"-Prinzip zugrunde:

Ein-Quanten-Lichtreaktion: $X(H_2CO_3)$ „gebundenes CO_2" $\xrightarrow{h\nu}$ $(HCOH) + O_2 + X$

Dunkeloxidation: $\frac{2}{3}(HCOH) + \frac{2}{3}O_2 \xrightarrow[-309\,kJ]{} \frac{2}{3}H_2CO_3$

Bilanzgleichung: $\frac{1}{3}H_2CO_3 \xrightarrow{h\nu} \frac{1}{3}(HCOH) + \frac{1}{3}O_2$

Das Netto-Kohlenhydratprodukt pro Quant betrüge somit ⅓ (HCOH). Es wären also drei Quanten pro CO_2-Molekül notwendig, was eine Energieausbeute von etwa 90% ergäbe. Diese ungewöhnlich hohe Ausbeute ist nach Warburg nur realisierbar, wenn $X(H_2CO_3)$ unter günstigsten Bedingungen verfügbar sei. Unter diesem „gebundenen CO_2" vermutete Warburg einen Chlorophyll-CO_2-Komplex, den er als „Photolyten" bezeichnete.

2. *„Die Photolyse der Kohlensäure"*

Nachdem Otto Warburg 1957 die katalytische Wirkung von Glutaminsäure bei der CO_2-Fixierung beschrieben und in den Folgejahren gleiche stöchiometrische Verhältnisse von Glutaminsäure und Photolyt festgestellt hatte, postulierte er für die Photolytbildung: CO_2 werde in einer ersten Dunkelreaktion (1) durch Atmungsenergie (in Form von ATP) zu „Carboxyphosphat" phosphoryliert. „Carboxyphosphat" reagiere dann reversibel mit Glutaminsäure (2), die in einer weiteren atmungsabhängigen Dunkelreaktion (3) wiederum CO_2 auf Chlorophyll übertrage. Der so entstandene Photolyt gehe schließlich in die Ein-Quanten-Lichtreaktion ein, wodurch CO_2 reduziert und Sauerstoff freigesetzt würden (s. o.).

(1) $CO_2 + H_2O \rightleftharpoons H_2CO_3 + ATP \rightleftharpoons HCO_3PO_3H_2 + ADP$
Carboxyphosphat

(2) Carboxyphosphat + Glutaminsäure $\rightleftharpoons$ Carboxyglutaminsäure + Phosphat

(3) Carboxyglutaminsäure + Chlorophyll $\rightleftharpoons$ $X(H_2CO_3)$
Photolyt

Bereits 1918 hatten Willstätter und Arthur Stoll angenommen, daß Chlorophyll mit CO_2 freie Formaldehydradikale bilde, und eine Peroxidtheorie entwickelt. Warburg knüpfte mit seiner Vorstellung an diese Theorie sowie an die Arbeiten zur Chlorophyllallomerisation von James B. Conant (1931) an.

Warburgs Anschauungen über die Bioenergetik der Photosynthese fanden keine allgemeine Anerkennung. Wir gehen heute davon aus, daß die primäre Lichtreaktion der Photosynthese nicht unmittelbar an der CO_2-Fixierung beteiligt ist, sondern eine komplexe photosensibilisierte Reaktionsfolge darstellt, die durch lichtinduzierte Ladungstrennungen zu einem Elektronentransfer über verschiedene Redox-Karrier und letztlich zur Bildung von ATP und NADPH + H^+ als Energie- bzw. Reduktions-Äquivalente für die CO_2-Reduktion in einer Dunkelreaktion führt. Die Möglichkeit einer Ein-Schritt-Reduktion von CO_2 zu Kohlenhydrat wird prinzipiell verneint. Die Quantenabsorptionen und Ladungstrennungen erfolgen bei höheren Pflanzen in zwei Photosystemen, wobei die aufeinanderfolgende Absorption von je vier Lichtquanten durch beide Photosysteme eine Akkumulation von vier positiven Ladungen in einem sekundären Elektronendonator S_0 des Photosystems II bewirkt, die schließlich ein O_2-Molekül freisetzen – und zwar aus dem Wasser, nicht aus dem CO_2, wie Warburg vermutete.

$$S_0 \rightarrow S_1 \rightarrow S_2 \rightarrow S_3 \rightarrow S_4$$

$$S_4 + 2\,H_2O \rightarrow S_0 + 4\,H^+ + O_2\uparrow$$

Eine derartige kooperative Wirkung von Quanten hatte Otto Warburg grundsätzlich ausgeschlossen. Unseren aktuellen Photosynthese-Vorstellungen liegen also ein Mindestbedarf von acht Lichtquanten pro freigesetztes O_2-Molekül und die Photolyse des Wassers (Wasserspaltung) zugrunde.

Vergleichende Untersuchungen der Photosynthese grüner Pflanzen und photosynthetisierender Bakterien, die keinen Sauerstoff freisetzen, hatten schon Mitte der zwanziger Jahre ein allgemeines Konzept der Photosynthese hervorgebracht, das für die Sauerstoffentwicklung grüner Pflanzen eine photochemische Dehydrierung von Wasser vorschlug. Eine Konsequenz dieser Vorstellung der Photolyse von Wasser war, daß die eigentliche CO_2-Reduktion über enzymatische, nichtphotochemische Dunkelreaktionen vor sich gehen müßte, wie sie Melvin Calvin 1956 mit dem reduktiven Pentosephosphat-Cyclus auch nachwies. Auf dieser Grundlage setzte sich dann Anfang der sechziger Jahre das Konzept von Cornelius B. van Niel durch:

$$CO_2 + 2\,H_2A \xrightarrow[\text{Chlorophyll}]{\text{Licht}} (CH_2O) + H_2O + 2\,A$$

(mit A als wasserstoffübertragender Substanz, im Falle der Photosynthese höherer Pflanzen Sauerstoff).

Der Nachweis, daß der freigesetzte Sauerstoff bei der Photosynthese grüner Pflanzen nicht aus CO_2, sondern aus Wasser stammt, gelang 1939 Robert Hill. Er zeigte, daß isolierte Chloroplasten bei Belichtung und unter Zugabe von Wasserstoff- oder Elektronenakzeptoren (z. B. Eisen(III)-oxalat) Sauerstoff bilden, ohne daß dabei CO_2 beteiligt ist.

In den vierziger Jahren war Warburg diesem Konzept einer Wasserspaltung nahegekommen, nachdem 1943 in seinem Institut gefunden worden war, daß Chinon als Wasserstoffakzeptor wirksamer ist als dreiwertiges Eisen wie im Eisen(III)-oxalat. Er hatte sich mit den sogenannten Hill-Reaktionen in der Absicht befaßt, das photochemisch wirksame System der grünen Zellen von ihrer Struktur zu trennen. Daß er dennoch auf seiner Vorstellung beharrte, die photosynthetische Lichtreaktion sei eine Photolyse von CO_2 und nicht von Wasser, ist auf Untersuchungen aus den Jahren 1959 und 1960 zurückzuführen, in denen er nachwies, daß katalytische Mengen von CO_2 die Hill-Reaktion beschleunigen. Chlorophyll wirke dabei als prosthetische Gruppe eines Ferments. Die photosynthetische CO_2-Fixierung sei also keine Umkehr der Atmung, wie Calvin schloß, sondern eine Teilreaktion der Photosynthese sei Atmung. Dabei werde die Sauerstoffatmung durch eine chinoide „lichtinduzierte Atmung" ersetzt, bei der Chinone, Eisen(III)-salze oder andere Hill-Reagenzien als Oxidationskatalysatoren wirkten:

$$\begin{array}{lcl} 2\,\text{Chinone} + 2\,H_2O + (C) & \longrightarrow & 2\,\text{Hydrochinone} + CO_2 \\ O_2 + 2\,\text{Hydrochinone} & \longrightarrow & 2\,\text{Chinone} + 2\,H_2O \\ \hline (C) + O_2 & \longrightarrow & CO_2 + \text{Energie} \end{array}$$

Mitte der fünfziger Jahre entwickelte Otto Warburg konkretere Vorstellungen zu den möglichen Bio-Katalysatoren von „Ein-Quanten-Reaktion und Energie-Kreisprozeß". Nachdem er 1954 eine erhöhte photosynthetische Aktivität von *Chlorella* bei zusätzlicher Einstrahlung von blaugrünem Licht festgestellt und sie auf die Wirkung von Carotinoiden zurückgeführt hatte, wurden folgende Wirkgruppen einer Fermentkette der Photosynthese diskutiert: Nikotinsäureamid als Wirkgruppe der sogenannten reduktiven Carboxilierung; Carotinoide als Wirkgruppe der Wasserstoffanlagerung an das Nikotinsäureamid; eventuell Eisen als Träger des bei der Lichtreaktion entwickelten Sauerstoffs; ein Schwermetall als Wirkgruppe der Oxigenase für die Rückreaktion des Sauerstoffs bei der „lichtinduzierten Atmung" und ein weiteres Schwermetall als Wirkgruppe einer Carotinoid-Photomutase.
Unsere heutigen Vorstellungen zur Wirkungsweise der Photosynthesepigmente gehen hauptsächlich von ihrer Funktion als Quantenabsorber, Anregungsenergieüberträger und Photosensibilisator aus. Durch spezifische intermolekulare Wechselwirkungen (höchstwahrscheinlich mit Strukturproteinen der Chloroplastenmembranen) sind sie in der Lage, als Antennen- oder photochemisch aktive Reaktionszentrum-Pigmente zu wirken.
Ende der sechziger Jahre deutete Otto Warburg die Möglichkeit einer Überbrückung der stark divergierenden Ansichten an. Die

Abhängigkeit der Hill-Reaktion von kleinen CO_2-Mengen verweise seiner Meinung nach darauf, daß CO_2 als Katalysator der Hill-Reaktion wirke und als möglicher Elektronenüberträger in Frage käme. CO_2 würde reversibel unter Lichteinwirkung reduziert und reoxidiert, dadurch nicht in Kohlenhydrat umgewandelt und somit für den Calvin-Cyclus verfügbar.
Unabhängig davon, wie im einzelnen Warburgs Vorstellungen zur Photosynthese grüner Pflanzen anerkannt oder verworfen wurden, besteht heute in jedem Falle Einigkeit darin, daß Otto Warburg eine fundamentale Pionierarbeit bei der Erforschung der Photosynthese geleistet hat.

„Über die letzte Ursache des Krebses“

Ausgehend von seiner Entdeckung (1923), „daß Krebs bei voller Versorgung mit Sauerstoff gärt, wie ein schwerarbeitender Muskel in der Erstickung“ (vgl. [B 12, S. 24]), suchte Otto Warburg in den fünfziger und sechziger Jahren die Ursachen für die Entstehung der hohen aeroben Glykolyse der Krebszellen. Dabei bezeichnete er als den wesentlichsten Fortschritt auf diesem Gebiet seit 1945 den Übergang von Tumoren zu Einzelzellen als Untersuchungsgegenstand.

Erst jetzt konnte mit Krebszellen quantitativ experimentiert werden. Es war ein Fortschritt wie in der Chemie der Übergang von Gemischen zu chemisch reinen Substanzen. [A 11, S. 11]
Was vorher nur qualitativ war, wurde nun quantitativ; was nur wahrscheinlich war, wurde sicher! [A 24, S. 309]

Als erstes Einzellen-Material dienten Warburg die Zellen des Ehrlichschen Mäuse-Ascites-Tumors, die in großen Mengen als beständige, gut zentrifugierbare und fast reine Krebszellsuspension gewonnen werden konnten. Der Ascites-Krebs ist zuerst von F. Hesse 1927 im Robert-Koch-Institut in Berlin experimentell erzeugt worden. Hans Lettré führte dann 1941 die Tumorzellen in biochemische Versuche ein. Aber erst erweiterte Kenntnisse über Physiologie und Morphologie der Ascites-Tumoren zeigten Anfang der fünfziger Jahre ihre großen Vorteile als Experimentiermaterial für zellphysiologische Arbeiten. Außer mit Ascites-Zel-

len arbeitete Warburg auch mit *in vitro* gezüchteten Krebszellen der Earleschen Schüttelkulturen. Als schnellste Methode, aus wachstumsfähigem Körpergewebe Einzelzellen in großen Mengen zu gewinnen, erwies sich das Verfahren von Renato Dulbecco und Marguerite Vogt (1954), bei dem tierische Zellverbände mit einer verdünnten Trypsinlösung getrennt werden.
Mit seinen Einzelzellversuchen zeigte Warburg in Anlehnung an Harry Goldblatt und Gladys Cameron (1953), daß embryonale Zellen in Gewebekultur bei niedrigem Sauerstoffdruck im Verlaufe von nur zwei Zellteilungen Stoffwechseleigenschaften von Krebszellen annehmen, die auch bei Druckerhöhung erhalten bleiben. Dieses Ergebnis führte ihn zu der Annahme, daß eine irreversible Atmungsschädigung und der Ersatz der Sauerstoffatmung der Körperzellen durch die Gärung „die letzte Ursache des Krebses" sei.

Vom Standpunkt der Physik und Chemie des Lebens betrachtet, ist dieser Unterschied zwischen normalen Körperzellen und Krebszellen so groß, daß man ihn sich größer nicht vorstellen kann. Der Sauerstoff, der Spender der Energie aller höher entwickelten Lebewesen, ist in den Krebszellen entthront und ersetzt durch die energieliefernden Reaktionen der niedersten Lebewesen, durch eine Gärung ... Der Schlüssel zum Krebsproblem ist hiermit die Energetik des Lebens. [A 12]

In seinem letzten Lebensjahrzehnt war Warburg unermüdlich bemüht, auf der Grundlage seiner experimentellen Befunde zu einer praktischen Krebstherapie zu finden. Ende der fünfziger Jahre interessierte er sich verstärkt für die Wirkung der Röntgenstrahlen auf das Tumorwachstum. Er fand, daß die Strahlung bei Krebszellen im Vergleich zu embryonalen Zellen eine stärkere Störung des Stoffwechsels bewirkt. Da Krebszellen weniger Katalase enthalten als normale Zellen und da Röntgenstrahlen in wäßrigen Flüssigkeiten Wasserstoffperoxid bilden, lag die Vermutung nahe, die Wirkung der Röntgenstrahlen auf den Stoffwechsel als eine Vergiftung durch H_2O_2 aufzufassen. Sein Vorschlag (1959), den Unterschied im Katalasegehalt von normalen und Krebszellen für eine Krebstherapie auszunutzen, wurde von Manfred von Ardenne aufgegriffen. Während Warburg versucht hatte, die aerobe Gärung der Tumorzellen zu hemmen und „die Anaerobiose der Krebszellen zur Grundlage der Chemotherapie gegen den Krebs" zu machen, entwickelte von Ardenne seine „Krebs-Mehrschritt-

Therapie“ auf der Grundlage einer Stimulierung der aeroben Gärungsprozesse.

Otto Warburg und viele andere versuchten über Jahrzehnte vergeblich, die aerobe Gärung zu hemmen ... Wir haben in meinem Institut das genaue Gegenteil getan, da es vom physikalischen Standpunkte aus nahezu selbstverständlich ist, bei einer Selektion die Differenz zwischen den zu trennenden Objekten möglichst groß zu gestalten. Nicht die Hemmung, sondern die Stimulierung der aeroben Gärung bildet die wesentliche Grundlage unserer Krebs-Mehrschritt-Therapie. Durch Vervielfachung der Blutglucosekonzentration kommt es zu einer selektiven Übersäuerung und Schädigung des Krebsgewebes. In Kombination mit Hyperthermie gelang es uns, eine wirkungsvolle ‚Doppelattacke‘ gegen den Krebs zu entwickeln und Zytolyse-Kettenreaktionen in Krebsgeschwülsten auszulösen. (von Ardenne [B 28, S. 66f.])

Noch 1966 begründete Warburg in Lindau (Abb. 24) seine Erwartung, daß eine Krebsprophylaxe durch die Sättigung der Zellen des Organismus mit den Wirkungsgruppen der Atmungsfermente, insbesondere durch kontinuierliche hochdosierte Vitamin-B-Gaben (zur Verbesserung des Sauerstoffstatus durch Vitamin B_1), möglich sein müsse.

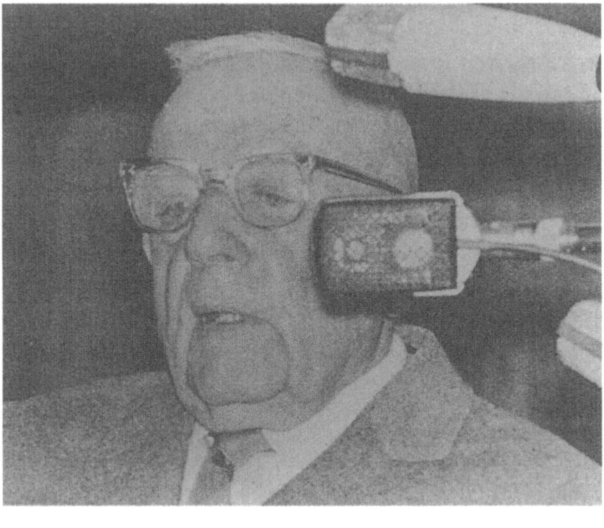

24 Otto Warburg auf der Lindauer Nobelpreisträgertagung 1966 (ADN-ZB/DPA)

Über die Tragfähigkeit dieser Theorien und Konzepte gab es seit dem Tage ihrer Publikmachung stark divergierende Ansichten. Unbestritten blieb, daß Warburg die Krebsforschung nachhaltig förderte und wesentliche Impulse setzte. Ohne Zweifel an der Richtigkeit seiner experimentellen Befunde zu hegen, werden Warburgs Interpretationen und weitgehenden Verallgemeinerungen von den meisten Fachleuten aber als zu absolut und zu vereinfacht angesehen. Warburg habe nur ein Phänomen einer ganzen Reihe untersucht und den Kern des Krebsproblems, die Störung der Wachstums- und Entwicklungsregulierung, vernachlässigt. Die von Warburg aufgedeckten Differenzen im Energieumsatz lägen auf einer noch zu hohen Ebene der molekularbiologischen Organisation, seien selbst Wirkung und nicht Ursache, die auf der Ebene der Kontrolle der Gen-Expression zu suchen sein dürfte. Bezüglich der von ihm vorgeschlagenen Krebstherapie sprechen einige seiner Schüler von zu großer Ungeduld und vordergründigem Streben nach „verfrühter Praxisorientierung" des Grundlagenforschers oder gar vom verminderten Urteilsvermögen des weit über Siebzigjährigen, andere lassen dagegen jedoch auch die Frage gelten: „Aber ist Warburg auch im hohen Alter nicht vielleicht doch klüger gewesen als die meisten anderen?" [B 9. S. 70]

Um Warburgs Arbeiten über den Krebs und seine gelegentlichen öffentlichen Auftritte wurde in den letzten Lebensjahren ein zunehmender „Rummel" seitens westlicher Medien entfacht. Eine sensationsgierige Presse, die Warburg als Kronzeugen des greifbaren, endgültigen Sieges über den Krebs bemühte, spekulierte skrupellos mit dem Leid Hoffnungssuchender und verkehrte vorsätzlich die Tatsachen. Warburg hatte kein Allheilmittel gegen den Krebs, wohl aber auf richtigen experimentellen Resultaten basierende Hypothesen, deren Prüfung und Weiterverfolgung er sich mit mehr Vehemenz wünschte. Und hatte er nicht allen Grund zu bemerken (1966):

> Die Mehrzahl der Experten ist sich darüber einig, daß man die meisten Krebsvorkommen verhüten könnte, wenn man die heute bekannten Carcinogene von den Menschen fernhalten würde. [A 12]

So hatte er bereits 1954 vorgeschlagen, das Zigarettenrauchen, die Abgasbelastung der Luft durch Kraftfahrzeuge und chemische

Nahrungsmittelzusätze drastisch einzuschränken. Die fortschreitende Qualitätsminderung von Brot durch bleichende Mehlbeimengungen und die Erkenntnis der kanzerogenen Wirkung von Azofarbstoffen vom Typ des Buttergelbs hatten ihn darin bestärkt. Anfang der fünfziger Jahre wurden in der Lebensmittelindustrie der BRD etwa 850 chemische Zusatzstoffe verwendet, ohne daß deren Langzeitwirkung schon bekannt war. Seine Einwände fanden jedoch wenig Resonanz. In seinen letzten 15 Lebensjahren bestand Warburg deshalb auf selbst gebackenem Brot aus „natürlichem" Mehl von einer speziellen Landmühle (d. h. aus Getreide ohne Kunstdünger- und Insektizidgaben), auf Milch von ungeimpften Kühen aus Kladow (aus der er im Labor auch eigene Butter herstellen ließ), hielt selbst Geflügel und Kaninchen und bezog „unverfälschtes" Obst und Gemüse aus dem eigenen, kurzerhand erweiterten Garten. Für den Abwasch seines Eßgeschirrs durfte kein Netzmittel benutzt werden. Da er in seinem Garten auch eifrig das Nisten von Meisen förderte, wurde er nicht nur ein Vorreiter der „Bio-Nahrung", sondern auch der biologischen Schädlingsbekämpfung.

Mag dieses Verhalten seinen Zeitgenossen auch als „sonderliche Eigenarten eines kauzigen Alten", der unter einer Art „Cancerophobie" leide, erschienen sein, so hatten seine diesbezüglichen Motive doch einen rationalen Kern. Warburg war sehr besorgt, daß zu wenig zur praktischen Krebsverhütung getan werde. So entsprach es seinem Selbstverständnis, auch das eigene Leben nach seinen Erkenntnissen einzurichten. Andererseits unterlag er dem „Dilemma" des experimentellen Krebsforschers jener Zeit, der trotz vieler wertvoller Detailbefunde nicht zu einer praxiswirksamen Vorsorge- und Behandlungsrichtlinie fand. Seinerzeit galt das resignative Resümee: „Alles, was die Krebsforschung bisher an für den Patienten Nützlichem erbracht hat, kann man auf einer Visitenkarte notieren." (vgl. [B 43, S. 16])

Die moderne Krebsforschung weiß auch heute noch, im Zeitalter der Molekularbiologie, die von Warburg inaugurierte Betrachtungsweise des Stoffwechsels der Krebszelle zu würdigen. Fand Warburgs Entdeckung der relativ hohen aeroben Gärung der meisten Tumoren und ihrer Korrelation mit der Malignität und Wachstumsrate der Zellen seit jeher Zustimmung, so erfahren andere Befunde und Interpretationen eine kritische Wertung, die

auch späte Anerkennungen einschließt. So hatte Warburg bereits frühzeitig postuliert, daß Zellkulturen cancerogen seien und induzierte Gärungen zeigen, was heute, wenn auch nur für bestimmte Stadien, als erwiesen gilt.
Zu unseren gegenwärtigen Vorstellungen über „die letzte Ursache des Krebses" hat nicht so sehr die Stoffwechselphysiologie als vielmehr die Genetik beigetragen. Aufsehenerregende Ergebnisse der letzten Jahre verweisen auf die Existenz bestimmter Oncogene, d. h. für Krebs verantwortliche Gene, die normalen zellulären Genen entsprechen und bei gestörter Expression Krebs hervorrufen. Expressionsstörungen können durch oncogene Viren, Mutationen u. a. verursacht werden. Die Produkte dieser Oncogene könnten in ihren physiologischen Wirkungen für die Atmung und Gärung bedeutsam sein. „So könnte Warburg doch noch in gewisser Hinsicht recht bekommen, allerdings in einer Weise, die er nicht erwartet hat und auch nicht erwarten konnte." [B 43, S. 18] Für die von Warburg beobachtete erhöhte Gärung der Krebszellen gibt es heute eine Vielzahl von Erklärungsmöglichkeiten, von mangelndem Substrattransport bis hin zu veränderten Aktivitäten von Schlüsselenzymen (vgl. [B 43]).

Im Bann von Warburgs Persönlichkeit

Alle, die mit Warburg in Berührung kamen, waren, unabhängig davon, ob sie seine Ansichten teilten oder nicht, von seiner Persönlichkeit tief beeindruckt. Er war ein

Mann außerordentlicher Fähigkeiten, von unabhängigem Verstand und durchdringendem Scharfsinn, verbunden mit besessener Wißbegier und souveräner Rücksichtslosigkeit ... Ich hatte das Privileg, ihm einige Male persönlich zu begegnen, und jedesmal war der Eindruck zwiespältig, wie bei einem Examen. Der kritisch-überlegenen, wenn auch gar nicht einmal ausgesprochenen Frage: „Was hat der denn Neues gefunden", war nicht auszuweichen ... (Jaenicke [B 30, S. 387])
Abgesehen von seiner hohen Intelligenz, die ihm ein ungewöhnliches Verständnis für seine Wissenschaft und viele Aspekte des täglichen Lebens verlieh, faszinierten seine intellektuelle Aufrichtigkeit und Geradheit, sein Zielbewußtsein und sein Fleiß, der Scharfsinn und Humor seiner treffenden Bemerkungen über wissenschaftliche oder andere Dinge, die Großzügigkeit, mit der er Mitarbeitern im Laboratorium half, seine Sonderlichkeiten, seine Überspanntheiten. (Krebs [B 42, S. 109])

Letztere Eigenheiten bezogen sich vor allem auf seinen polemischen Stil, der im Alter zu einer „wissenschaftlichen Selbstexilierung" [B 30] beitrug. Wenn es zum Meinungsstreit kam, wurde Warburg zum unerbittlichen Streiter für seine Anschauungen. „Sachlichkeit und Wahrheit" waren seine Ideale. In seinem Bestreben, streng objektiv zu sein, wirkte er „... oft scharf, verletzend und machte absichtlich lächerlich. Er hielt es geradezu für gefährlich, unbegründeter Kritik nicht entgegenzutreten" [B 42, S. 85], und rechtfertigte seine Unnachgiebigkeit in wissenschaftlichen Diskussionen unter anderem, wie bereits dargestellt (s. S. 67f.), mit der Entdeckungsgeschichte des Cytochroms. Zu Feodor Lynen sagte er einmal: „Wenn ich keinen wissenschaftlichen Streit mehr führen kann, dann bin ich alt." [B 45, S. 631] Dieser Maxime folgend, ist er bis zuletzt jung geblieben. Noch 1967 ermunterte er Manfred von Ardenne in einem Brief, hartnäckig sein Krebsforschungskonzept weiterzuverfolgen und, ihm gleich, im Meinungsstreit nicht zurückzustecken:

Mein Instinkt sagt mir, daß Ihnen auf die Dauer der Sieg sicher ist. Sie können jetzt nur noch einen Fehler machen: daß Sie, entmutigt durch zuviel Widerstand, zu früh aufgeben. Vielleicht kann ich in dieser Hinsicht nachahmenswert sein. Je mehr Widerstand ich fand, umso mehr griff ich an und umso besser wurden meine Waffen. (vgl. [B 9, S. 72])

Warburg setzte sich über viele Jahre mit führenden Wissenschaftlern seiner Zeit unnachgiebig und der Form nach unerfreulich auseinander: mit Willstätter über das Wesen der Enzyme und den Eisengehalt der Peroxidasen, mit Keilin über das Wesen der Zellatmung und die Natur des Atmungsfermentes, mit James Franck über den Quantenbedarf der Photosynthese, mit Hans von Euler, Thunberg und Wieland über den Mechanismus der Dehydrogenierungen oder mit Sidney Weinhouse über den Stoffwechsel der Krebszellen. Die Kritiken an Warburg betrafen kaum seine experimentellen Befunde, ihre Reproduzierbarkeit und ihren Wert, sondern vielmehr deren oft zu absolute Interpretation und Verallgemeinerung, zumal er bisweilen, wie Krebs andeutete, nach 1945 Versuche und Vorstellungen anderer, die nicht in sein Konzept paßten, ignoriert haben soll (vgl. [B 42, S. 102]).

Daß Warburgs Kontroversen nicht unbedingt zum Einlenken seiner Kontrahenten führten, sondern nicht selten ins Gegenteil umschlugen, belegt folgender Spottvers [B 48, S. 449]:

There was a great scientist
named Otto
Who lived by the following
motto
„I am always right
My enemies I'll fight
(But I'll be glad to send
them my photo)"

Da war ein großer Forscher
namens Otto
Der lebte nach dem folgenden
Motto
„Ich habe immer recht
Ziehe gegen meine Feinde
ins Gefecht
(Doch send' ich Ihnen gerne
mein Foto)"

Welch' nachteilige Wirkung von Warburgs Art zu streiten ausgehen konnte, schilderte Max Delbrück. Auf der Suche nach fundamentalen Lebensprozessen, die durch eine biophysikalische Gesetzmäßigkeit erfaßbar werden könnten, hatte sich Mitte der dreißiger Jahre der aus der Schule von Max Born und Niels Bohr kommende Atomphysiker und spätere Molekulargenetiker Delbrück auch für den Mechanismus der Photosynthese interessiert. Er ging seinerzeit jedoch nicht über den Standpunkt eines kritischen Beobachters hinaus, was er 1973 folgendermaßen begründete:

Ich fand den „Warburg-Stil" der Auseinandersetzung so abscheulich und sinnlos, daß ich mich aus diesem Grunde allein schon nicht auf das Gebiet der Photosynthese begeben habe. Warburg hatte die Atmosphäre in einem Ausmaß vergiftet, daß jeder, der von Bohr kam, furchtbar erschrecken mußte. In seiner Sprechweise lag soviel Unehrlichkeit wie bei Politikern, wie zum Beispiel Adenauer, dem demagogischen Vereinfacher. (vgl. [6, S. 175])

Trotz seiner vehementen Versuche, gegenteilige Ansichten zu überstimmen, war sich Warburg aber auch der Grenzen harter wissenschaftlicher Auseinandersetzungen bewußt. Er bezog sich gern auf ein Statement Charles Darwins in den „Schlußfolgerungen" der „Entstehung der Arten":

... Ich erwarte keinesfalls, erfahrene Naturforscher zu überzeugen, deren Sinne durch eine Vielzahl von Fakten ausgefüllt sind, die alle während eines arbeitsreichen Lebens von Positionen aus betrachtet wurden, die im direkten Gegensatz zu meinen stehen, ... aber ich blicke vertrauensvoll in die Zukunft – zu den jungen und aufstrebenden Naturwissenschaftlern, die in der Lage sein werden, beide Seiten der Frage unvoreingenommen zu prüfen. (vgl. [B 15, S. 173])

Gelegentlich zitierte er auch eine Bemerkung Plancks[1]):

Eine neue wissenschaftliche Wahrheit pflegt sich nicht in der Weise durchzusetzen, daß ihre Gegner überzeugt werden und sich als belehrt erklären, sondern vielmehr dadurch, daß die Gegner allmählich aussterben und daß die heranwachsende Generation von vornherein mit der Wahrheit vertraut gemacht ist. [33, S. 16f.]

Mit seiner Schärfe und Unnachgiebigkeit in der wissenschaftlichen Polemik war Warburg nicht allein. Auch andere Große in der Geschichte der Naturforschung führten eine scharfe Klinge, wenn es um die Verteidigung ihrer Überzeugungen ging. Augenfällige Parallelen tun sich zu Justus von Liebig auf, der fast genau 100 Jahre zuvor mit ähnlich bissigen Worten focht; und das, was seinerzeits Berzelius zu Liebig sagte, hat sicher auch die Mehrzahl der von Warburg als „Gegner" Angesehenen empfunden: „... Sie müssen aufhören, chemischer Scharfrichter zu sein. Sie stehen hoch genug, um gesehen zu werden ..." (Brief Berzelius' an Liebig vom 20. 2. 1838, vgl. [31, S. 202])
Bücher warb 1947 in einem Brief an Krebs um Verständnis für Warburgs Eigenart:

Wie ich ihn sehe, haben Licht und Schatten bei Warburg den gleichen Ursprung: das enorme Potential, das in der Tiefe des Vulkans brodelt, sein außerordentliches Temperament, das ihn zwingt, jeder seiner Ideen mit unglaublicher Kraft und Konsequenz zu folgen. Ich habe oft die Kraftanstrengungen bewundert, mit denen er es zügelt, denn er hat ein sehr feines und empfindliches Gewissen ... Ich glaube, daß man ihn am ehesten durch gute Werke beeinflussen kann ... [B 12, S. 32]

Diesem „Dualismus" seiner Persönlichkeit entsprangen auch die-

---

[1]) Es ist kaum bekannt, daß dieser Gedanke bereits über 60 Jahre vor Planck 1886 mit bemerkenswerter inhaltlicher Kongruenz von dem Paläozoologen und Geologen Melchior Neumayr geäußert wurde: „Es ist eine merkwürdige, sich immer wiederholende Erscheinung in der Geschichte der Wissenschaft: eine neue und richtige Auffassung, die sich nicht auf neues handgreifliches Material von Thatsachen, sondern auf eine bessere Deutung schon bekannter Beobachtungen stützt, gelangt nicht dadurch zur allgemeinen Annahme, daß die Gegner durch die Macht der Gründe widerlegt und überzeugt werden, sondern dadurch, daß dieselben aussterben und die junge Generation die neue Theorie als selbstverständlich annimmt, so daß eine solche in der Regel ein Menschenalter braucht, um sich Eingang zu verschaffen." (vgl. [44, S. 43])

Eigenschaften, die Krebs als Quelle der wissenschaftlichen Leistungsfähigkeit Warburgs ansah:

Dank seiner intellektuellen Begabung konnte er an sein gewähltes Arbeitsgebiet mit klarer Logik, scharfkritischem Denken und schöpferischen Ideen herantreten, und sein Charakter brachte es mit sich, daß er seine Ziele mit Hingebung und Disziplin verfolgte und sich nicht von den Versuchungen ablenken ließ, denen erfolgreiche Wissenschaftler ausgesetzt sind – Verlockungen politischer Macht, Reisen und sich als Berühmtheit feiern und bewundern lassen. Diese Eigenschaften waren die Quelle seiner außergewöhnlichen Leistungen, weil im Alltag der Forschungsarbeit emotionelle Faktoren keine Rolle spielten. [B 39, S. 94]

Warburg nahm selten an wissenschaftlichen Kongressen teil und lehnte die meisten Einladungen zu Vorträgen ab. Vortragsreisen und häufige Kongreßteilnahmen bezeichnete er als „akademischen Tourismus“ und „Wanderpredigten“. „Das ist ein ehrenvoller Weg zum Untergang, aber ehrenvoll oder nicht, er führt zum Untergang.“ (vgl. [B 42, S. 99]) Er nahm sogar manche Würdigung, die ihm angeboten wurde, nicht an, darunter die Ehrendoktorwürde der Universität Newcastle upon Tyne (England), sofern ihm ihre Entgegennahme hinderliche Umstände bereitete – obgleich ihm Ehrungen im Prinzip niemals unwichtig waren. Auch den Zeitaufwand für Verwaltungsaufgaben scheute er – um so mehr, sobald sie über sein eigenes Institut hinausgingen. Um wirtschaftliche Angelegenheiten kümmerte sich vor allem sein langjähriger Mitarbeiter und enger Vertrauter Jakob Heiss. Heiss war seit 1919 bei Warburg tätig, um den Haushalt zu versorgen, und bis zu Warburgs Tode dessen verständnisvoller Freund, der später auch als Sekretär und Verwalter des Instituts zum praktisch unabkömmlichen Gefährten wurde und viele „unproduktive“ Notwendigkeiten von Warburg fernhielt. Die dadurch freigewordene Zeit nutzte Warburg, um ständig im Labor präsent zu sein. Auch in öffentlichen Komitees oder Beratungsorganen war er kaum tätig und wurde nicht zuletzt deshalb von der bürgerlichen Presse als „Der Unabhängige“ (Frankfurter Allgemeine, [B 11]) betrachtet.

Seine Einstellung seinen Mitmenschen gegenüber war die eines Aristokraten im griechischen Sinn des Wortes; er war überzeugt, daß die Besten herrschen sollten, und dementsprechend war er in seiner Haltung gebieterisch. (Krebs [B 39, S. 90])

Bücher bezeichnete ihn aus eigenem Erleben einmal als „Generalstäbler in Zivil" [B 12, S. 27]. Wie Karlfried Gawehn, Mitarbeiter Warburgs von 1950 bis 1964, mitteilte, hatte er

> praktisch kein Verständnis dafür, daß jemand gelegentlich stundenweise Urlaub für wichtige Behördengänge, für Arztbesuche und ähnliches benötigte; wenn man ihn um Erlaubnis bat, sagte er etwa: „Sie haben am Abend genügend Zeit zum Arzt zu gehn, und im übrigen steht Ihnen eine Urlaubszeit von 7–8 Wochen zur freien Verfügung." ... es gab außer Tod keinen vernünftigen Grund, nicht zur Arbeit zu erscheinen. Auch Krankheiten wie Grippe waren für ihn kein Entschuldigungsgrund. Warburg hat sich selbst an diesen strengen Arbeitsstil gehalten. (vgl. [B 42, S. 73])

Selbst im Urlaub ließ er sich oftmals morgens und abends telefonisch über die Versuchsanstellungen und deren Ergebnisse informieren.

Krebs bezeichnete Warburg in seiner persönlichen Lebenshaltung als „exzentrischen Sonderling" und Einzelgänger, der keine Langeweile kannte und nur wenig Bedürfnis nach Gesellschaft empfand. Neben seiner wissenschaftlichen Arbeit hätten ihn Sport, aber auch Geschichte, Literatur und Musik besonders interessiert. Er besaß ein exzellentes Allgemeinwissen und hatte eine Vorliebe für Biographien, englische Literatur und Musik von Beethoven und Chopin. Bis ins hohe Alter trieb er kontinuierlich Sport. Er liebte Hunde und Pferde und ritt sehr gern, fast täglich bereits vor Arbeitsbeginn. Noch im Alter von 69 Jahren begann er, auf der Havel zu segeln. Viel Freude machten ihm auch Spaziergänge in die Umgebung Berlins, vor allem an Wintertagen. Besonders verbunden fühlte er sich der brandenburgischen Landschaft mit ihren vielen Seen und Wäldern.

> Warburg war von kleiner Statur; seine Körperhaltung war aufrecht. Was er sagte war klar und sachbezogen, und er sprach ohne Umschweife. Auch sein Humor war kurz und bündig ... Es bestand ein außerordentlicher Gegensatz zwischen Warburg, dem leicht erzürnten, aggressiven und rechthaberischen Kämpfer, den seine Berufskollegen aus Literatur und Diskussionsbemerkungen kannten, und dem liebenswürdigen Warburg, dem man im gesellschaftlichen Leben oder in der entspannten Atmosphäre seines Laboratoriums begegnete ... Der Blick seiner strahlend blauen Augen war anziehend und faszinierte. Obwohl ein ausgeprägter Junggeselle, verstand er es, mit Frauen charmant und verständnisvoll umzugehen. [B 42, S. 78]

Wenn Warburg seine Vorhaben beschrieb, sprach er gern im „pluralis maiestatis" per „wir" [B 11]. Sein Hang für „preußische Tugenden" war mit einer bemerkenswerten Vorliebe für alles Englische gepaart. So schätzte er die Engländer, weil sie, wie er einmal sagte, „eigensinnige Leute wie mich dulden" (vgl. [B 42, S. 100]). Auch rein äußerlich vermittelte er „das Bild eines Nobelmannes britischer Prägung" [B 12, S. 3].

Methodologisch-weltanschauliche Positionen Warburgs

Kannte Warburg „das Geheimnis des Erfolgs"?

Otto Warburg hat über sechs Jahrzehnte intensiv wissenschaftlich gearbeitet und mit großartigen Leistungen „eine neue Aera in der Biologie eingeleitet", wie es im Glückwunschschreiben der Berliner Akademie zu seinem 70. Geburtstag heißt [B 5]. Ist es nun legitim, nach den Wurzeln seiner außergewöhnlichen Leistungsfähigkeit zu fragen? Im Manuskript zu dem Buch „Schwermetalle als Wirkungsgruppe von Fermenten" hatte Warburg 1944 die Hoffnung ausgedrückt, die noch unbekannte Struktur des Hämins seines „Atmungsfermentes" werde schon bald durch Hans Fischer aufgeklärt werden können. Fischer starb jedoch bereits 1945, so daß Warburg bei der Korrektur seiner Monographie in Form einer Fußnote anmerkte: „Diese Hoffnung ist nunmehr dahin, und niemand wird in absehbarer Zeit imstande sein, das wichtige Problem zu lösen. Der oft zitierte Satz, daß jeder zu ersetzen sei, gilt offenbar in der Wissenschaft nicht." [A 8, S. 144] Sicher ließ Warburg diese Einschränkung auch für sich gelten. Was machte dann aber die „Unersetzbarkeit" eines Warburg aus?
Auf der Sitzung der Akademie der Wissenschaften der DDR aus Anlaß des 100. Geburtstages Warburgs beschloß Samuel Mitja Rapoport seine Gedenkrede mit den Worten:

> Warburg war ein Genie, eine unwiederholbare Persönlichkeit. Es wäre ein vergebliches Bemühen, aus seinen Eigenschaften ein Rezept für erfolgreiche wissenschaftliche Tätigkeit abzuleiten, das etwa jeden Adepten zum Nobelpreis führen könnte. Uns steht Bescheidenheit an und Ehrfurcht vor ihm, einem Riesen an Geisteskraft und Energie, der einzureihen ist in die Reihe der Großen der Wissenschaftsgeschichte – Galilei, Pasteur und Einstein. [B 49, S. 14]

Es wäre in der Tat müßig, nach einem Rezept für Genialität zu suchen. Für große Wissenschaftler gilt in gleicher Weise, was der sowjetische Energetiker Gleb M. Krshishanowski über bedeutende Politiker schrieb:

> Wenn in der Geschichte der Menschheit von Zeit zu Zeit Menschen auftauchen, die den anderen wie Leuchttürme den Lebensweg erhellen, und

wenn wir solche Menschen als genial bezeichnen, so sind wir manchmal hilflos bei dem Versuch, die Genialität dieser Menschen zu erklären ... Man muß offenbar zugeben, daß man mit einer allgemeinen Definition dem Begriff der Genialität nicht näherkommt, daß man einen ganz konkreten Fall ins Auge fassen muß, wobei wir bei verschiedenen Persönlichkeiten zu ganz verschiedenen Lösungen gelangen werden. [63, S. 150]

Was machte dann aber Warburgs Persönlichkeit, seine Art zu denken und zu forschen aus? Zahlreiche, für diese Fragestellung wertvolle Hinweise verdanken wir vor allem Krebs (Abb. 25) mit seiner vorzüglichen Warburg-Biographie [B 42]. Er verweist auf die äußerst fruchtbare Kombination eines ungewöhnlichen Intellekts mit dem unbeirrbaren Willen, das Leben der experimentellen Wissenschaft zu widmen.

Komponenten seiner Begabung waren eine tiefschürfende Intelligenz, Originalität und Ideenreichtum in der Behandlung neuer Probleme, Unabhängigkeit von herkömmlichen Ansichten, Urteilen und Vorurteilen. Wie Pasteur, den er tief bewunderte, war er von einem machtvollen inneren Drang getrieben. Die Liebe zur Wissenschaft war die dominierende Leidenschaft seines Lebens. [B 42, S. 71]

In dem bereits erwähnten Glückwunschschreiben der Akademie zu Warburgs Geburtstag 1953 heißt es ferner:

25 Lehrer und Schüler: Otto Warburg und Hans Krebs, Lindau 1966 [B 42, S. 81]

Schon in der Frühzeit Ihres Schaffens haben Sie ... mit einer bis dahin von keinem Forscher aufgebrachten Energie die physikalische und chemische Methodik in den Dienst biologischer Forschung gestellt und in der Folge mit feinem Gefühl für Erreichbares, glänzender Auswahl der Versuchsobjekte und mit gewaltiger geistiger Konzentration aus dem Geschehen in der lebenden Materie Teilvorgänge herausgelöst, deren Entwirrung vielen, die sich vor Ihnen damit befaßt haben, versagt geblieben ist. [B 5]

Diese Einschätzung besitzt den Vorzug, daß sie von Warburg in der für ihn typischen Manier persönlich autorisiert wurde – insofern, als er im Antwortschreiben bemerkte: „Ich kann mir keine bessere Würdigung meines Lebenswerkes denken, als diesen kurzen meisterhaften Glückwunsch." [B 5] Bescheidenheit war nicht seine Stärke. Doch denken wir beispielsweise auch an Carl von Linné, der von sich schrieb, daß „keiner vor ihm mit mehr Eifer sein Fach betrieben [hat], ... größerer Botanicus oder Zoolog gewesen ... und über die ganze Welt berühmter geworden (ist)." [1, S. 93]
Doch wenden wir uns nun den Triebkräften in Warburgs Wirken im einzelnen zu:

1. Otto Warburg war für naturwissenschaftliche Arbeiten außerordentlich begabt. Zeitgenossen hoben immer wieder sein faszinierendes Verständnis naturwissenschaftlicher Fragestellungen, das weit über die Grenzen einer einzelnen Disziplin hinausging, und die strenge wissenschaftliche Logik seiner Arbeiten hervor.

2. Den jungen Warburg umgab ein hochanregendes Milieu im Elternhaus, das ihn schon frühzeitig in engen Kontakt mit seinen späteren akademischen Lehrern brachte, die zudem die ersten ihres Faches waren. Burk hebt ausdrücklich hervor [B 14], daß er schon im Hause seiner Eltern von Engelmann über das *Bacterium photometricum* für die Photosynthese, von E. Fischer für Pläne zur Enzymforschung oder von van't Hoff für Thermodynamik und Kinetik chemischer Reaktionen begeistert wurde. Die Frage nach den Lehrern ist von besonderem Interesse, da, wie Warburg in einer Würdigung Paul Ehrlichs einmal selbst schrieb, „kein Naturforscher ausgewachsen und voll bewaffnet wie Pallas Athene aus dem Haupt des Zeus entspringt" [A 28, S. 187].
Seine Lehrer müssen es vor allem verstanden haben, ihm ihre Einstellung zum Wissenschaftlerberuf als Berufung zu vermitteln

und ihn für die Naturforschung zu begeistern. Er lernte, höchste Maßstäbe an seine künftige wissenschaftliche Tätigkeit zu legen.

Unter dem Einfluß des Elternhauses und der Wissenschaftler, die er dort kennenlernte, war Warburg [aber auch] zu der Ansicht gekommen, daß allzu viele Universitätsprofessoren Wissenschaft nicht um der Wissenschaft willen, sondern aus Prestigegründen und aus finanziellen Erwägungen betrieben – aus finanziellen Gründen besonders in der Medizin, wo der Professortitel eine lukrative Privatpraxis sicherte. Er sah viele Hochschullehrer, die, sobald sie die oberen Stufen der Berufsleiter erreicht hatten, die wissenschaftliche Arbeit aufgaben. Für sie, sagte er, war die Wissenschaft nur Mittel zum Zweck. (Krebs [B 42, S. 106])

Eine derartige Einstellung mißbilligte er zutiefst. Die Alternative zeigten ihm Emil Fischer, sein Vater, Nernst, Einstein und all die anderen Gäste des elterlichen Hauses. Warburg hielt in dieser Beziehung den unmittelbaren ständigen Kontakt zu erfahrenen, erfolgreichen Wissenschaftlern, ihre tägliche Präsenz und Vorbildwirkung, ihr praktisches, personifiziertes Erlebbarmachen der Wissenschaft für die einzig wirksame Schule eines jungen Forschers. 1967 äußerte er sich einem Doktoranden gegenüber so:

Wenn Sie ein Naturwissenschaftler werden möchten, müssen Sie unbedingt einen erfolgreichen Forscher bitten, Sie in sein Laboratorium aufzunehmen, selbst wenn sie anfangs nur sein Testbesteck reinigen sollten. Wenn Sie sein Tun sorgfältig verfolgen, werden Sie lernen, wie Entdekkungen gemacht werden. Dabei ist es nicht erforderlich, daß Sie bereits viel wissen, bevor Sie zum Meister gehen. Je rechtzeitiger Sie gehen, um so größer wird ihre Chance sein, ebenfalls ein Entdecker zu werden. (vgl. [B 42, S. 81 f.])

Vielleicht dachte er hier an Negelein, der es auf diesem Wege bei ihm vom Mechaniker zum Akademieprofessor gebracht hatte. In der Sprache Warburgscher geflügelter Worte hieß das: „Klug ist, wer nicht nur aus eigener Erfahrung lernt." (vgl. [B 12, S. 13])
Das, was später einmal einer seiner Schüler, Hans Krebs, über den Lehrer Otto Warburg sagen sollte, widerspiegelt sicher genauso dessen vorangegangene Erfahrung mit Emil Fischer oder seinem Vater:

Wenn ich versuche zusammenzufassen, was ich im besonderen von Warburg gelernt habe, er ist für mich ein Vorbild dafür gewesen, wie man richtig Fragen stellt, wie man die gewählten Probleme experimentell durch Schaffung neuer Methoden bearbeitet, wie unbarmherzig man in der

Selbstkritik sein muß und keine Mühe scheuen darf, Versuchsresultate zu überprüfen, wie man die Ergebnisse und Ideen klar und prägnant ausdrückt und wie man insgesamt sein Leben auf echte Werte konzentriert. ... Ferner ist die Begeisterungsfähigkeit, die vom Lehrer auf den Schüler übertragen wird, von großer Bedeutung: sie ist die Quelle einer enormen Arbeitsfähigkeit. [B 37, S. 232f.]

3. Begeisterungsfähigkeit und „Fähigkeit des Wollens", Hingabevermögen und unbändiger Leistungswille, gepaart mit großem Ehrgeiz, waren bereits für den Studenten Otto Warburg kennzeichnend. Er war sich frühzeitig seines Leistungsvermögens bewußt und wußte zunehmend um seine führende Stellung im Rahmen der biologischen Chemie. „Er war der Meinung, daß er dort weitermachte, wo Pasteur [der ebenfalls ursprünglich als Chemiker ausgebildet war und seine Kenntnis der Chemie auf die Biologie anwandte] aufgehört hatte." [B 42, S. 97] Dem entsprang sein sprichwörtliches Sendungsbewußtsein. Zu dieser Aufgabe fühlte er sich berufen und widmete sich ihr leidenschaftlich. Warburg bestätigt in dieser Beziehung einmal mehr die Erfahrung des Anatomen Santiago Ramón y Cajal, „daß jede große Leistung sowohl in der Wissenschaft als auch in der Kunst das Ergebnis einer großen Leidenschaft ist, welche in den Dienst eines großen Gedankens gestellt wurde" (vgl. [22, S. 89]). In seinem Nachruf auf Gerhard Domagk unterstrich Warburg, daß es vor allem der leidenschaftliche Glaube an die Lösbarkeit der Aufgabe sei, der vorwärts bringe. Domagk, der sich 1928 der schier unlösbaren Aufgabe gewidmet hatte, bakterielle Infektionskrankheiten chemotherapeutisch zu bekämpfen, habe somit den Ausdruck von Planck bestätigt, „daß es auch in den Naturwissenschaften der Glaube ist, der selig macht" [A 27, S. 1485].

Die „Fähigkeit des Wollens" war bekanntlich für den Physikochemiker Wilhelm Ostwald für wissenschaftliche Erfolge ausschlaggebender als Kenntnisse, Fertigkeiten und Gewissenhaftigkeit, die sich erwerben ließen. Ostwald sagte einmal vor Studenten, daß „für ihre Selbsterziehung ... die Entwicklung des Willens mindestens ebenso wichtig [ist] wie die des Denkens" [69, S. 163]. Er erkannte, „von allen Eigenschaften, die den wissenschaftlichen Menschen machen, ist diese am spärlichsten in unserem Schülermaterial vorhanden und am schwersten zu entwickeln" (vgl. [12, S. 159]).

4. Neben diesen Eigenschaften – wissenschaftliche Begabung, Begeisterung und Leistungswille – trifft für Warburg ein vierter wichtiger Faktor zu, den Ostwald ebenfalls für große Wissenschaftler fordert: „Weite und Mannigfaltigkeit des Denkens und eine gewisse Unbefangenheit." (vgl. [12, S. 159]) Diese Unbefangenheit bezog sich bei Warburg allerdings mehr auf herkömmliche als auf „eigene Ansichten", wie Ostwald sie besonders bei schulebildenden Gelehrten fand. Damit war bei Warburg ein ausgezeichnetes Gespür für die Wahl aktuellster Forschungsthemen verbunden.

Zur Wahl seiner Forschungsgegenstände meinte Warburg:

Ein Wissenschaftler muß den Mut haben, die großen ungelösten Probleme seiner Zeit anzupacken. Lösungen müssen gewöhnlich ohne viel kritisches Zögern durch zahllose Laboratoriumsversuche erzwungen werden. [A 26, S. 1]

Am besten ist es, sich möglichst Problemen erster Ordnung zuzuwenden. Ihre Lösung macht im allgemeinen genausoviel Arbeit wie die von Problemen zweiter oder dritter Ordnung, aber der Erfolg ist viel markanter. (vgl. [B 8, S. 306])

Bereits 1935 hatte er in einem Brief an Keilin von diesem Mut gesprochen:

Nach 2 Jahren Arbeit haben wir hier die Wirkungsweise und die „Wirkungsgruppe" des Cofermentes aus roten Blutzellen herausbekommen. Wir sind darüber sehr erfreut, weiß man doch nie bei solchen Arbeiten, ob man sich nicht festfährt. Selbst die wissenschaftliche Arbeit erfordert etwas Mut, sogar Heroismus, was wir als Kinder unserer Zeit hervorheben müssen. (vgl. [B 42, S. 81])

Bei allem Mut zur Größe und zum Risiko wußte Warburg dank seines tiefen Verstehens des Wesens biologischer Systeme aber auch richtige Fragen zu stellen, die echte und lösbare, d. h. „reife" Probleme betrafen. Für ihre Lösung konnte er sich zudem die erforderliche Methodik selbst schaffen. Warburg entsprach hierin einer Forderung von Paul Weiss (1945), in der Forschung nicht einfach „mehr und mehr Tatsachen ..., sondern mehr Tatsachen von strategischem Wert [beizubringen]", aber zuvor auch ihre Realisierbarkeit zu bedenken, wie es Peter B. Medawar 1967 in einer Metapher ausdrückte: „Wenn die Politik die Kunst des Möglichen ist, so ist die Naturwissenschaft die Kunst des Lösbaren." (vgl. [B 37, S. 233])

5. Getreu seiner Maxime, „etwas mit eigener Hand zu tun, was niemand zuvor getan hat", zeichnete sich Warburg zeitlebens durch die große Originalität seiner unkonventionellen Lösungswege aus. Wie es 1956 in einem Schreiben der Leopoldina an Warburg hieß, habe er „alle ausgetretenen Bahnen gemieden und oft in einer überraschend einfachen, originellen Leistung neue Wege zur Lösung eines Problems gefunden" [B 6]. Er scheute das Risiko des Unbekannten nicht. Warburg führte seine entscheidenden Entdeckungen auf neuartige Einfälle zurück. So wurde die Gärung der Tumoren entdeckt, als die Bicarbonatkonzentration in der umgebenden Ringerlösung 20fach erhöht wurde. Die Eisenoxigenase wurde entdeckt, als im biologischen Experiment der CO-Druck von 5 auf 95 und mehr Prozent gesteigert wurde. Acylphosphat wurde entdeckt, als in der Oxidationsreaktion der Gärung die Phosphatkonzentration 20fach erhöht wurde. Die „Ein-Quanten-Reaktion und der Energiekreislauf der Photosynthese" wurden abgeleitet, als die Licht-Dunkel-Zeitintervalle bei manometrischen Messungen von fünf auf eine Minute verkürzt wurden.

6. Otto Warburg wandte sich mit seiner ausgezeichneten physikalischen Vorbildung und seinem Doppelstudium der Chemie und Medizin den Fragen der Zellenergetik in einer Entwicklungsphase der Biologie zu, in der weitere Fortschritte gerade durch interdisziplinäres Herangehen zu erwarten waren. Neue Erkenntnisse und Zusammenhänge ließen sich nicht mehr aus rein deskriptiven Beschreibungen, sondern vor allem aus quantifizierbaren, reproduzierbaren Untersuchungen von Lebensprozessen ableiten. Der Universal-Naturforscher Otto Warburg vereinigte ursprünglich getrennte Gebiete zu einem Zeitpunkt in einer Hand, zu dem gerade die Kluft zwischen den einzelnen Naturwissenschaften der Physiologischen Chemie Grenzen setzte.

Ich vereinte am Kaiserwilhelminstitut für Zellphysiologie die chemischen Methoden eines Emil Fischers mit den Methoden der Strahlenphysik des Institutes eines Helmholtz und seiner Nachfolger. Wie immer, wenn etwas vereint wird, das zuvor getrennt war, führte dies zur chemischen Konstitution der Enzyme. [A 26, S. 1]

Mit der Zusammenführung chemischer und physikalischer Methoden, insbesondere klassischer Verfahren der organisch-präparativen Chemie und manometrischer sowie optischer Methoden der Physik, und mit der engagierten Zuwendung auf biologische und medizinische Fragen trug Warburg in Personalunion somit zur Geburt und Selbstbehauptung der Biochemie bei. Während beispielsweise mit der Absorptionsspektroskopie das „sauerstoffübertragende Atmungsferment" oder die Nikotinsäureamide entdeckt wurden, gelang mit bewährten organochemischen Methoden die Isolierung und Kristallisation von Gärungsenzymen sowie die Identifizierung ihrer Wirkungsgruppen. Die Interdisziplinarität war das Markenzeichen Warburgscher Forschung.

7. Von Ardenne äußerte 1982, daß Otto Warburg als Physikochemiker gewissermaßen die Bedeutung der exakten Messung für die biologische und medizinische Forschung wiederentdeckt habe. „Die exakte Messung war der Schlüssel für alle seine Entdeckungen. Die Einführung der Meßtechnik von Physik und Chemie in die Biologie war die Ursache seiner Erfolge." [B 28, S. 63] Auch Kurt Mothes würdigte Warburg in der Begründung des Vorschlages zur Ehrenmitgliedschaft in der Leopoldina ausdrücklich als „Pionier der Arbeitsmethodik" [B 6].
Viele Biologen vertraten um die Jahrhundertwende die Auffassung, daß die organische Natur zu sehr dem Zufall unterworfen und zu unberechenbar sei, als daß man sie quantitativ in kontrollierbaren, reproduzierbaren Experimenten beschreiben und beeinflussen könne. Dem setzte Warburg eine These James Clerk Maxwells entgegen:

> Der wichtigste Schritt in dem Fortschritt einer jeden Wissenschaft ist das Messen von Größen. Diejenigen, welche sich mit der Beobachtung der Tatsache begnügten, haben gelegentliche Dienste geleistet, indem sie die Aufmerksamkeit anderer auf Erscheinungen richteten, die sie gesehen hatten; die großen Fortschritte der Wissenschaft verdanken wir aber denjenigen, die sich bemühen, aufzufinden, wieviel von jedem vorhanden ist. [66, S. 64f.]

Diese Worte Maxwells wählte Warburg zum Leitsatz seines Buches „Über den Stoffwechsel der Tumoren" (1926) und verlieh damit seiner grundlegendsten Anschauung zum Fortschritt in der Biologie Ausdruck.
So wurde zu Anfang unseres Jahrhunderts insbesondere auch durch das Wirken Otto Warburgs das Verhältnis der Naturwissen-

schaften zueinander neu durchdacht. Warburg trat hierbei konsequent das Erbe seiner Lehrer an. Nernst (mit seinen Arbeiten über chemische Energetik und Thermodynamik), van't Hoff (mit seiner theoretischen Fundierung der chemischen Kinetik und seinen Arbeiten zur Elektrochemie) und Emil Warburg (mit seinen Beiträgen zur Photochemie) hatten im ausgehenden 19. bzw. beginnenden 20. Jahrhundert wesentlich zur Entwicklung der physikalischen Chemie zu einer eigenständigen Disziplin im Berührungsfeld von klassischer Chemie und Physik beigetragen. Der Brückenschlag von Chemie und Physik zur Biologie, der mit Biochemie und -physik ebenfalls zu neuen Fachrichtungen führen sollte, wurde nun von Warburg vollzogen, wobei er auch auf medizinisch-physiologischem Gebiet bedeutende Wegbereiter fand. Methodologisch könnte Warburg über seine maßgeblichen Lehrer und Förderer in medizinischer Physiologie Kries (Freiburg) und Krehl (Heidelberg), die beide aus der Leipziger Physiologenschule hervorgingen, sogar als „geistiger Enkel" Carl Ludwigs gelten, der die „experimentelle, kausalanalytische und physikalisch-chemische quantitativ vorgehende Arbeitsweise" der Physiologie inauguriert hatte [36, S. 122].

Warburg entsprach mit seiner Auffassung von biologischer Forschung einer Forderung Ostwalds aus dem Jahre 1903, der die Biologen aufforderte, die Lebensprozesse „nicht unabhängig von Chemie und Physik, sondern innerhalb der durch sie gegebenen Grenzen des empirisch Möglichen" zu untersuchen. Der Biologe „muß die Mittel und Wege der allgemeinen Chemie und Physik kennen, wenn er die Mittel und Wege des Organismus begreifen will" [68].

Otto Warburg hatte es sich zum Ziel gesetzt, die chemischen und physikalischen Mechanismen der Zellfunktion zu erforschen. Und bereits in dieser funktionellen Grundorientierung seiner Forschung bestand eine wesentliche Voraussetzung seiner künftigen Erfolge. Die morphologisch ausgerichtete, beschreibende Zellforschung hatte eingangs des 20. Jahrhunderts ihre methodisch bedingten Grenzen erreicht. Die Suche nach kleineren, mikroskopisch faßbaren, lebenden Einheiten in subzellulären Regionen, wie sie z. B. Richard Altmann oder Martin Heidenhain betrieben, oder gar der Versuch eines Max Verworn, Lebenserscheinungen als fortwährenden Ab- und Aufbau chemischer Verbindungen, als

„chemische Bewegung“ letztlich „lebender“ organischer Moleküle innerhalb der Zellen zu beschreiben, waren zu Sackgassen der Forschung geworden. Die Topochemie der Zelle bzw. Kolloidchemie des Protoplasmas konnten zu keinen neuen Einsichten für die Erklärung der Lebenserscheinungen beitragen (vgl. [B 44]). Die ungenügende Orientierung auf die Zellfunktion wurde mit Warburgs Hilfe überwunden. Seine methodologische Herangehensweise bei der Untersuchung des Krebses als „entartete“ Lebensäußerung veranschaulicht dies in ausgezeichneter Weise. Er betrachtete „das Carcinomproblem [als] ein zellphysiologisches im engeren Sinn“ [A 19, S. 1]. Unter den zellphysiologischen Prozessen erachtete er nun die energieliefernden Reaktionen als für die Fragestellung am interessantesten. Als er dieser Richtung folgend, die aerobe Glykolyse der Krebszellen entdeckte, hatte er

den Vorteil, daß eine meßbare und für das Carcinom charakteristische Eigenschaft vorliegt. Statt wie früher nach dem Ursprung einer Erscheinung fragen zu müssen, deren Natur man nicht kannte, haben wir jetzt in dem Stoffwechsel einen Angriffspunkt und können, statt nach dem Ursprung des Krebses, nach dem Ursprung der Gärung fragen ...
Wir überschätzen dabei nicht die Bedeutung des Stoffwechsels, sondern benutzen die Stoffwechselanalyse als Methode etwa so, wie der Chemiker die Spektralanalyse benutzt. So wenig die Emission von Spektrallinien die einzige wichtige Eigenschaft von Atomen ist, so wenig ist natürlich der Stoffwechsel die einzige wichtige Eigenschaft von Zellen. [A 19, S. 3]

Mit dieser Vorgehensweise versuchte Warburg, die Lebenserscheinungen als Ausdruck eines komplexen Systems elementarer, spezifischer physikalischer und chemischer Wechselwirkungen zu begreifen, ohne sie darauf zu reduzieren. Vielmehr ging es ihm darum, Zugang zu den biologischen Vorgängen zugrunde liegenden Teilprozessen zu finden. Er machte somit zur Aufgabe der Biochemie, biologische Zusammenhänge und Phänomene auf der Grundlage physikalischer und chemischer Gesetze, wie sie in der unbelebten Natur wirken, unter Berücksichtigung der Rolle biologischer Strukturen zu erklären. Ganz in diesem Sinne führte er 1928 die „katalytische Wirkung der lebendigen Substanz“ auf die „trägen organischen Verbindungen“ auf zwei Wirkprinzipien zurück,

deren sich die Zelle bedient, um die Reaktionswidersprüche an den Verbrennungsorten zu verkleinern: die Adsorption und die Schwermetalle ...

Die Zellatmung ist damit zwar nicht physikalisch erklärt, jedoch zurückgeführt auf Phänomene der unbelebten Welt. [A 7, S. 2]
[Er setzte voraus], daß Stoffe, die im Reagenzglas reagieren, unter sonst gleichen Bedingungen auch in der lebenden Zelle reagieren, und daß Stoffe, die im Reagenzglas nicht reagieren, auch in der lebenden Zelle nicht reagieren. Die Voraussetzung ist also Einheitlichkeit der unbelebten und belebten Natur in bezug auf die chemischen Vorgänge. [A 7, S. 1]

Warburg ging bei seiner Auffassung von der „Einheitlichkeit" der Natur nicht so weit, die biologischen Reaktionen zur Gänze in physikalische und chemische aufzulösen, wie es etwa sein Biochemiker-Kollege Hans von Euler ausdrückte:

Seitdem es allgemein anerkannt ist, daß ein prinzipieller Unterschied zwischen chemischen Reaktionen außerhalb und innerhalb des lebenden Organismus nicht besteht, muß es die Aufgabe der Physiologie sein, die Lebenserscheinungen als chemische Reaktionen darzustellen. [55, S. 1f.]

Diese reduktionistische Lebensauffassung war für das Gros der Zellforscher im ersten Drittel unseres Jahrhunderts charakteristisch. Da gab es keinen Platz mehr für die von den Vitalisten postulierte „Lebenskraft", die neugewonnene Einheit der Naturwissenschaften offenbarte sich jedoch auch darin, daß „zwar ‚mechanisch' nicht mehr als Gegensatz zu ‚organisch' gefaßt, ‚organisch' aber weitestgehend auf ‚mechanisch' reduziert" wurde [35, S. 180]. Man versuchte, alles naturwissenschaftlich Erforschbare auf Atom- bzw. Molekularbewegungen zurückzuführen. Es mag sein, daß auch für Warburg die „neue Physiologie", als er sich ihr in seiner Heidelberger Zeit zuwandte, eine Art „organische Physik und Chemie" war. Für ihn war dann aber „mechanisch" erst einmal die Antithese zu „vitalistisch". Er war überzeugt von der Erkennbarkeit des Lebens. Das führte ihn schließlich zu materialistischen, spontan dialektischen Grundpositionen. „Aber kaum einer hätte es zugegeben. Im Gegensatz zu heute war ‚Materialismus' anstößig, ‚mechanisch' eine Tugend." [37, S. 131]
Als durch sein Zutun der relativ verklärte Enzymbegriff in den dreißiger Jahren mit der Isolation und Kristallisation der Gärungsenzyme gewissermaßen „materialisiert" werden konnte, sah Warburg darin einen großen Sieg für die Einheit der Naturforschung (vgl. [51]). Er war in diesen Fragen, insgesamt gesehen, vorsichtiger und weitsichtiger als viele seiner Zeitgenossen und hütete sich vor unzulässigen Abstraktionen.

Interessant ist eine Mitteilung des Physikers und Molekulargenetikers Max Delbrück über sein Erstaunen in einer Diskussion mit dem schon weltberühmten Warburg um 1937, als dieser biologisches Wachstum als ein elementares Phänomen ansah, das nicht einer molekularen Biologie zugänglich sein würde (vgl. [6, S. 87]). So scheint es, daß Warburg es überhaupt nicht als „sein" Problem betrachtete, Leben zu „definieren". Er begnügte sich mit der „bescheideneren" Aufgabe, Leben immer besser zu erkennen, und faßte die Biochemie als empirische Wissenschaft auf, in der Wissen durch Experimente erweitert wird. Nicht mehr und nicht weniger! „Der Spekulation abhold, führte er den theoretischen Ansatz nur soweit, daß sich ein experimenteller Einstieg öffnet. Weiterführendes wird der experimentellen Befragung überlassen." [B 12, S. 15] Seine Arbeitsweise lag in der Überzeugung begründet, daß alle Naturforschung zum Ziele habe, die objektiven Gesetze der Natur ausschließlich durch Beobachtung, Versuch und Berechnung zu erkennen. Die uneingeschränkte Anwendung seiner in der Physik und Chemie vollauf bewährten experimentellen und mathematisch-theoretischen Methoden in der Zellbiologie ließ keinen Platz mehr für naturphilosophische oder auch für weitreichende theoretisierende Spekulationen über das Leben *per se*. Warburg kann historisch gesehen als Vertreter des „naturwissenschaftlichen Materialismus" gelten (vgl. [35, S. 180]).
Welch' nachhaltigen Einfluß Warburgs Forschungsweise auf seine Mitstreiter hatte, schilderte Lipmann, der zwischen 1927 und 1932 bei Meyerhof arbeitete und bis 1930 am KWI für Biologie in engem Kontakt zu Warburg stand:

Warburgs puritanische, sachliche Art, die Kompromisse und Spekulationen ausschloß, sickerte zu uns von der vierten Etage durch. Er wurde unser Held; sein unerbittliches Beharren, Experimente sprechen zu lassen und Interpretationen auf einem Minimum zu halten, beherrschte unsere Generation. [25, S. 181]

8. „Die besten physikalischen und chemischen Methoden aber wären nicht imstande gewesen, die Zellphysiologie zu fördern, wenn sie nicht verbunden worden wären mit einer Vereinfachung der physiologischen Versuchsanordnungen." [A 11, S. 2] Mit einem erstaunlichen Gespür für geeignete Untersuchungsobjekte ging Warburg konsequent den Weg vom Organ über das Gewebe

hin zur einzelnen Zelle und, wo möglich, sogar bis zum Zellfragment bzw. Organell. Er nutzte für die Untersuchung des Krebses dünnschichtige Gewebeschnitte und ersetzte diese später durch einzellige Ascites-Krebszellen und Earle-Einzelzellen. Er experimentierte bei Untersuchungen zur Zellatmung mit Seeigel-Eiern und Erythrozyten, erforschte die Gärungsmechanismen an Hefezellen und Bakterien und führte für das Studium der Photosynthese einzellige Grünalgen ein. Anstelle ganzer tierischer Zellen untersuchte Warburg bereits 1914 die „Grana" der Leberzellen, um Atmungsprozesse zu studieren. Für photosynthetische Beobachtungen nutzte er später Chloroplasten und Chloroplastenfragmente. Unter welchem Aspekt er seine Versuchsobjekte auswählte, legte Warburg 1911 dar:

Es galt zunächst, ein geeignetes Material ausfindig zu machen; hierbei kam für mich kein anderer Gesichtspunkt in Frage, als der, an welchem Objekt sich am leichtesten quantitativ experimentieren läßt ... [Sodann] habe ich mir die Aufgabe gestellt, die Zersetzungen in lebenden Zellen unter möglichst einfachen und eindeutigen Bedingungen zu beeinflussen. [A 14, S. 289]
Immer war dabei unser Bestreben die Vereinfachung der Versuche und eine mit den Methoden der Maßanalyse vergleichbare Schnelligkeit und Genauigkeit der Versuche. Mit keiner komplizierten Versuchsanordnung haben wir jemals irgend etwas Wesentliches entdeckt. [A 11, S. 2]

So selbstverständlich uns diese Überlegungen und Erfahrungen heute auch scheinen, so ungewöhnlich waren sie doch in der Biologie des frühen 20. Jahrhunderts, als Drieschs Philosophie und andere neovitalistische Konzepte zeitweilig wirkten. Diese Denkweise Warburgs offenbart am ehesten den exakten Physiker und Chemiker auf dem Terrain der teilweise noch „mystischen" Biologie.
Wollte man das Fazit aus Warburgs Forschungsweise ziehen, so ließe sich folgende methodische Herangehensweise skizzieren:
a) Wahl eines „großen, ungelösten Problems erster Ordnung" (Voraussetzung: Mut zum Risiko),
b) Formulierung der „richtigen Fragen", die „reif" zur Beantwortung sind (Voraussetzung: hohe Sachkenntnis und „Gefühl für Erreichbares"/Intuition),
c) Wahl geeigneten Untersuchungsmaterials (Bedingung: quantitative Meßbarkeit, unkomplizierte Handhabung),

d) Festlegung der Versuchsbedingungen (Kriterium: einfach, eindeutig und beeinflußbar),
e) Wahl bzw. Weiter- oder Neuentwicklung der zur Beantwortung der Fragen erforderlichen und die Spezifika der Versuchsobjekte und -bedingungen berücksichtigenden Untersuchungsmethoden (Kriterium: quantitative Auswertbarkeit, leichte Handhabung, Schnelligkeit, Genauigkeit, Variierbarkeit),
f) Geduld, Fleiß und Disziplin,
g) Unbedingte Anerkennung der Versuchsergebnisse auch oder gerade, wenn sie in kein Konzept passen.

9. Otto Warburg war ein sehr gründlicher und intensiver Arbeiter, der Sorgfalt liebte und Zeitvergeudung verabscheute. Seinem Westberliner Kollegen Ernst Schütte bekannte er in einem seiner letzten Lebensjahre einmal:

> Eigentlich ist das doch ein mühsames Leben, das wir führen. Man überlegt sich einen Versuch und führt ihn mit aller Sorgfalt durch. Dann kommt nicht das heraus, was man erwartet hat, kommt es aber doch so, dann glaubt man es nicht und sucht nach weiteren Bestätigungen. [B 54]

Diese mühsame und hartnäckige, vor allem aber sehr verantwortungsbewußte Arbeitsweise wird auf Emil Fischers Einfluß zurückgeführt und erklärt, warum Fischer wie Warburg eine solche Menge im wesentlichen fehlerfreier und leicht reproduzierbarer Befunde publizierten. Zudem war es Warburg gewohnt, seine Versuche im großen Maßstab anzustellen, um sich für weiterführende, ergänzende, vergleichende Experimente offen zu halten. Zur Übersichtlichkeit von Versuchsanordnungen sind auch seine sarkastischen Worte „Sechse treffen, sieben äffen!" überliefert. Unter Anspielung auf die sogenannte Wolfsschluchtszene in Carl Maria von Webers romantischer Oper „Der Freischütz" warnte Warburg vor zu komplexen Versuchsansätzen. Mitunter bezeichnete er ein seines Erachtens nach ungenügend vorgereinigtes Substanzgemisch auch spöttisch als „Wolfsschlucht" oder „das linke Auge eines Luchses"[1]) (vgl. [B 13, S. 13]).

---

[1]) In der Wolfsschluchtszene spielen magische Gewehrkugeln aus ungewöhnlichen Zutaten („Das rechte Auge eines Wiedehopfes, das linke eines Luchses") eine Rolle. Sechs der Kugeln treffen sicher, während die siebente, des Teufels Kugel, in tragischer Weise ihr Ziel verfehlt.

In Anbetracht seiner zahlreichen und großen Versuchsreihen und diverser Routinearbeiten vertrat Warburg die Ansicht, daß ein naturwissenschaftliches Forschungsinstitut einen ständigen und ausreichenden Bestand an erfahrenen „Technikern" zur Grundlage haben müsse. Ob aus Unkenntnis der Gegebenheiten oder aus akademischem Dünkel hörte man daher häufig: „Warburg arbeitet nur mit Laboranten!" Demgegenüber brachte aber z. B. Bücher als „akademischer" Mitarbeiter den „technischen" Kräften Warburgs aufgrund ihrer profunden Fachkenntnisse und Erfahrungen eine hohe Wertschätzung entgegen. So würdigte er besonders Können und Originalität von Negelein und Kubowitz. Gerade Negelein wäre beispielsweise in seiner Vorliebe für einfache, übersichtliche Technik Warburg sehr nahe gekommen. Viele originelle konstruktive Lösungen des Dahlemer Instituts im Apparativen wären ohne Warburgs „technische" Mitarbeiter nicht denkbar (vgl. [B 12, S. 8]).
Trotz des großen Fleißes und der unerbittlichen Arbeitsdisziplin gehörte Warburg nicht zu denen, die Probleme „über's Knie brachen", um schnellstmöglich zu einer Lösung zu kommen. Er schätzte Momente der Besinnung und Intuition hoch ein. Während seiner fast allmorgendlichen Ausritte muß Warburg vieles durchdacht, erwogen und geplant haben. Er sagte sogar des öfteren, daß er ein „langsamer Denker" sei. Auf viele an ihn herangetragene Fragen erwiderte er: „Man muß es überlegen!" und verschob die Antwort auf den nächsten Tag, ohne sie schuldig zu bleiben.

10. Als weiteres Markenzeichen Warburgs, das nicht unerwähnt bleiben darf, galt sein kraftvoller und brillianter Schreibstil, in dem seine Gesamthaltung zum Ausdruck kam. In prägnanter, konzentrierter und anschaulicher Weise vermochte er selbst komplexe Sachverhalte verständlich darzustellen. Nach streng logischen Kriterien steckte er Schritt für Schritt den von ihm beschrittenen Weg ab. Oft bezog er dabei wissenschaftshistorische Entwicklungslinien ein, so daß bereits bekannte Vorleistungen und sein eigener Beitrag zu ihrer Weiterentwicklung gut erkennbar sind. Warburg legte großen Wert auf die Vollständigkeit in der Beschreibung seiner Arbeiten.

Ich beschreibe im folgenden, genau und mit allen Umwegen, den Weg dieser Entdeckungen, damit mir der Vorwurf, den Maxwell gegen Ampère erhob, erspart bleibe: „Als er später einen großartigen Beweis aufbaute, entfernte er alle Spuren des Gerüstes, dessen er sich bedient hatte.“ [A 10, S. 9]

Auch versuchte er, die Schlußfolgerungen aus seinen Experimenten ohne allzu viele Einschränkungen zu formulieren, da seiner Meinung nach zu viele Begrenzungen den Aussagewert minderten. Mit dem Ansinnen, klar, eindeutig und unmißverständlich zu sein, kam es gelegentlich zu ungerechtfertigten, einseitigen Interpretationen, die man ihm vorwarf. Dieses Vereinfachen war jedoch oftmals beabsichtigt, wie man seiner erklärten Übereinstimmung mit William M. Bayliss, einem englischen Physiologen, entnehmen kann, der unter Bezugnahme auf Bacon erklärt hatte:

Zur Wahrheit kommt man wahrscheinlich eher durch Irrtümer, die klar und eindeutig ausgedrückt sind, als durch verschwommene Vorstellungen. Die Erfahrung hat mich gelehrt, daß es nützlicher ist, eine leicht verständliche und logische Meinung zu formulieren – selbst wenn sie sich später als falsch herausstellt – als sich zufrieden zu geben mit einem wirren Mischmasch widersprüchlicher Meinungen, etwas was man manchmal als Unparteilichkeit bezeichnet, was aber oft um kein Haar besser ist als gar keine Meinung. [54, S. XVIII]

Warburg publizierte, sobald er genügend Sicherheit hatte, rasch und ohne Umschweife. Er schätzte Originalmitteilungen (häufig nur vorläufige Mitteilungen), deren Wirkung im wissenschaftlichen Meinungsstreit er im Vergleich zu Konferenzvorträgen zur damaligen Zeit offensichtlich höher bewertete.
Für seine Publikationen nutzte Warburg nur relativ wenige Zeitschriften. So hielt er vor allem „Hoppe-Seylers Zeitschrift für physiologische Chemie“ (seit 1906), der „Biochemischen Zeitschrift“ (seit 1919), den „Naturwissenschaften“ (1921–1964) und der „Zeitschrift für Naturforschung“ (seit 1951) die Treue. Bis auf wenige Ausnahmen entfielen seine insgesamt über 500 Veröffentlichungen auf nur etwa 15 verschiedene Journale. Dabei machte es sich nach Warburgs Auffassung bezahlt, daß zumeist angesehene Kollegen mit großer Erfahrung, aber auch richtigem Gespür für zukunftsweisende Beiträge in alleiniger Verantwortung als Herausgeber oder Redakteure arbeiteten. Die etwa nach 1945 aufkom-

mende Praxis, daß „anonyme, oft mittelmäßige, konservative, voreingenommene oder sogar neidische Gutachter“ über Annahme oder Ablehnung der zur Veröffentlichung eingereichten Manuskripte entschieden, verurteilte er aufs schärfste.
Die Niederschrift seiner wissenschaftlichen Arbeiten besorgte Warburg stets selbst. Publikationsmanuskripte und Briefe schrieb er eigenhändig auf der Maschine. Erst mehrere Entwürfe führten zu einer akzeptablen Veröffentlichung. Diese Arbeit an der Schreibmaschine betrachtete er nicht als Zeitvergeudung. Sicher erreichte er auch dadurch seinen flüssigen, geschliffenen Stil.
Bei den Publikationen konnte er im übrigen seinen Mitarbeitern gegenüber sehr großzügig sein. So manche Arbeit, die er angeregt oder wozu er gar den Hauptbeitrag geliefert hatte, ließ er ohne seinen Namen drucken. Besonders wirksam war es, daß Warburg seine Originalarbeiten von Zeit zu Zeit in Monographien zusammenfaßte und kritisch ergänzte (Abb. 26). Seine so entstandenen fünf größeren Bücher waren kurz nach Erscheinen sofort vergriffen. So würdigte die Akademie der Wissenschaften 1946, daß Warburg „selbst durch das gedruckte Wort der Lehrer so vieler

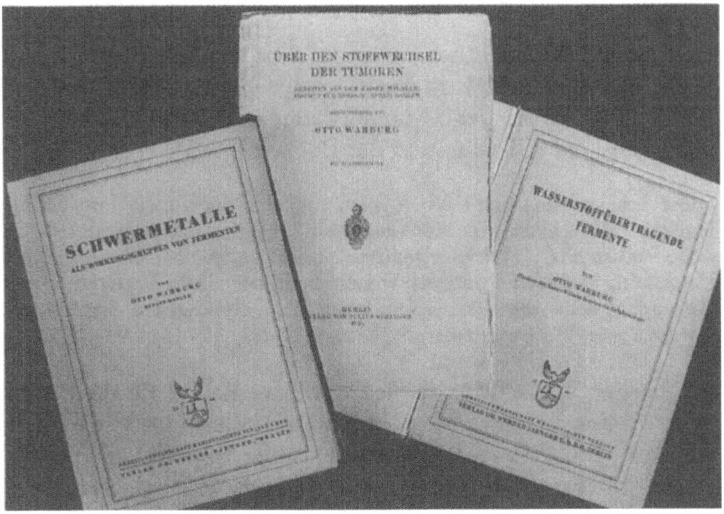

26 „Lesen Sie mal die Arbeiten von Warburg. Das sind alles Kunstwerke ...“ (Karl Lohmann, 1977)

Naturforscher und Aerzte geworden [ist], wie kaum ein anderer lebender Gelehrter" [B 5].

Wie Warburgs Veröffentlichungen auf andere Forscher wirkten sei abschließend kurz belegt. So bezeichnete der amerikanische Biochemiker Hermann M. Kalckar 1976 Warburgs Arbeiten, die ihn 1926 zur Annahme der „Pasteurschen Reaktion" zwischen Atmung und Gärung führten, als „Manifest" der Stoffwechselforschung [B 34, S. 164]. In einem Tonbandinterview erinnerte sich Karl Lohmann 1977, daß er einmal „eine außerordentlich schöne Arbeit Warburgs"[1]) referiert habe. Hieraufhabe Warburg ihm gegenüber moniert, warum er nicht detaillierter auf seine mathematischen Ableitungen eingegangen sei.

Als Warburg zu mir kam, sagte ich: „Sagen Sie mal, wie kann man diese Arbeit referieren? ... Wie soll ich das anders beschreiben?" Es war meine ehrliche Überzeugung, daß das einfach nicht möglich wäre, weil die Arbeit so schön war – eine für Warburg charakteristische Arbeit. Warburg hatte einen Stil, den ich immer bewundert habe. Ehrlich! Während Meyerhof einen unmöglichen literarischen Stil hatte. Er führte 20 Versuche an, möglichst in Tabellenform und Abbildungen. Warburg dagegen wählte nur einen Versuch aus, den er für charakteristisch hielt. Und an dem durfte nicht gerüttelt werden, da wurde er böse. Lesen Sie mal die Arbeiten von Warburg! Das sind alles Kunstwerke, nach meiner Ansicht. [38]

Und noch 1983 sagte der Leipziger Biochemiker Eberhard Hofmann mit Blick auf Warburgs Untersuchungen (1926), die zum Wirkungsspektrum des „Atmungsfermentes" führten, sowie die Isolierung und Kristallisation der Enolase (1941):

Diese Arbeiten sind und bleiben Glanzpunkte in der Entwicklung der biologischen Wissenschaften. Noch mehr als 50 Jahre danach setzen sie Maßstäbe für uns alle. ... hervorragend knapp und beispielhaft klar formuliert, gleichzeitig umfassend und voll wissenschaftlichem Mut. ... Jeder Biochemiestudent sollte diese Arbeit(en) lesen und seine eigenen Formulierungen an denen Warburgs messen. [B 29, S. 32, 38]

In gleicher Weise äußerte sich der Amerikaner Efraim Racker über Warburgs „Schwermetalle als Wirkungsgruppen von Fermenten" von 1946: „Dieses Buch zu lesen sollte für Studenten der Biochemie obligatorisch sein, um sich in logischen Folgerungen zu

---

[1]) Manometrische Messung des Zellstoffwechsels im Serum. Biochem. Z. 164 (1925) 481–503.

üben. Es gibt darüber hinaus einen faszinierenden historischen Einblick ..." [B 48, S. 448]

11. Warburgs Neigungen, losgelöst vom Lehr- und Ausbildungsprozeß all' seine Kräfte auf die Grundlagenforschung zu konzentrieren, kamen Struktur und Anliegen der Kaiser-Wilhelm-Gesellschaft sehr entgegen. Ihre Möglichkeiten und hervorragenden Arbeitsbedingungen, die dem noch jungen Wissenschaftler als Abteilungsleiter und später als Institutsdirektor gewährt wurden, bildeten letztlich eine weitere entscheidende Grundlage für Warburgs Leistungen.
In Berlin, „wo einst das Prinzip der Einheit von Forschung und Lehre Gestalt gewonnen hatte, repräsentierte er einen neuen, die Jugend faszinierenden Typ des ‚Nur-Forschers'" [B 12, S. 2]. Nach Warburgs Auffassung ließen sich akademische Lehre und konzentrierte wissenschaftliche Arbeit schlecht vereinen. Auch wären gute Wissenschaftler nicht immer gute Pädagogen (vgl. [B 59]). Bei aller Effektivität reiner Forschung verdroß diese Einstellung nicht wenige. So beklagte Max Delbrück, mit der KWG würden

die besten Leute aus der Lehre genommen und zu Direktoren dieser reinen Forschungseinrichtungen gemacht. Das war auf seine Weise ungeheuer erfolgreich, auf lange Sicht war das in meiner Sicht ein Unheil, eben weil man die besten Leute aus der Lehre nahm, und der Kontakt zu den Studenten sehr verarmte. (vgl. [6, S. 215])

Dennoch versuchte Warburg auf seine Weise zur Qualifizierung jüngerer Kollegen beizutragen – wenn auch sicher mit der vordergründigen Absicht, seine eigenen Ansichten und Verfahren anschaulicher durchsetzen zu können. Anfang der fünfziger Jahre richtete er in Dahlem ein spezielles Labor ein, das der Demonstration seiner bedeutsamsten Methoden und Entdeckungen auf dem Gebiet der Photosynthese diente. Auch Konferenzreisen und Arbeitsbesuche, gegen die er sich zwar prinzipiell wandte, nutzte er, sobald sie ihm vielversprechend erschienen. Weniger bekannt dürfte sein, daß er sich auch für die industrielle Verwertung seiner Methoden und Instrumente engagierte. Schon kurz nach ihrer Entwicklung waren die Warburg-Differentialmanometer mit den entsprechenden Druckgefäßen im Handel erhältlich. Nach Weiterentwicklungen in Dahlem wurden stets die neuesten Varianten ins Sortiment aufgenommen.

Wir möchten die Darlegung der methodologischen Prinzipien und Stärken Warburgs nicht beschließen, ohne auch noch einmal kurz auf seine Schwächen zu verweisen. Hierzu möchten wir mit Samuel Mitja Rapoport einen Zeitzeugen sprechen lassen, der dies aus eigenem Erleben besser zu werten vermag:

In vieler Hinsicht ist Warburg ein Beispiel dafür, wie eine maßlose Stärke zur Schwäche wird. Seine Selbständigkeit führte ihn zur Selbstherrlichkeit, seine Unabhängigkeit zur mangelnden Kollektivität und damit zur unkritischen Einstellung zur eigenen Leistung. Seine Selbstgenügsamkeit verführte ihn zu mangelndem Respekt vor den Leistungen anderer und zum Subjektivismus in deren Bewertung. Seine polemische Neigung brachte ihn dazu, Personen und nicht die lebende Natur als Kontrahenten zu sehen. Seine Gabe zur großen Verallgemeinerung und Vereinfachung verleitete ihn zur voreiligen Generalisierung und zu unzulässigen Versimpelungen. [B 49, S. 14]

Der „große Unabhängige"?

Der 81jährige Otto Warburg schrieb 1964 nicht ohne Stolz, daß er seine gesamte Schaffenszeit ununterbrochen in Berlin-Dahlem verbracht habe, „... durch niemand gestört, nicht einmal durch Diktatoren" [A 26, S. 1]. Solche Äußerungen – auch von anderer Seite – nährten die Legende vom „großen Unabhängigen", als den ihn die bürgerliche Presse feierte: „Die Machthaber, die sich im letzten halben Jahrhundert in unserem Lande ablösten, haben gewußt, daß sie es mit einem Manne zu tun hatten, den sie nicht anrühren konnten ... ‚Er kann es sich ja leisten', sagten die Kritiker, ‚er ist ja unabhängig.'" [B 11] Was konnte Warburg sich aber wirklich leisten? Wie abhängig oder unabhängig war er von den Repräsentanten und Trägern des Wilhelminischen Reiches, der Weimarer Republik, Nazideutschlands und schließlich Westberlins?
Otto Warburg entstammte einer großbürgerlichen, jüdischen Familie, deren Angehörige in Deutschland, Skandinavien, Großbritannien und den USA wirkten und zu allen Zeiten Zugang zu maßgeblichen Kreisen von Wirtschaft, Staat, Kunst und Wissenschaft hatten. Seit mehreren Generationen saßen Vertreter der Familie vor allem in entscheidenden Positionen des Finanzkapitals. Neben solchen Bankhäusern wie Rothschild, Bleichröder und Mendelssohn nahmen auch die Warburgs einen bedeutenden Platz im

internationalen Wirtschaftsleben ein. Gehörte bereits im 19. Jahrhundert Siegmund Warburg zu den führenden Londoner Bankiers, so hatten um die Jahrhundertwende und in der Folgezeit insbesondere die Gebrüder Max M., Paul M. und Felix M. Warburg wesentlichen Anteil an der Konzentration und Verschmelzung von Bank- und Industriekapital und direkten Einfluß auf Regierungsentscheidungen. Wurde z. B. ersterer als Mitinhaber des Hamburger Bankhauses „M. M. Warburg & Co." von der Weimarer Republik als Regierungssachverständiger für Reparations- und Währungsfragen zu den Versailler Verhandlungen herangezogen, so war Paul M. Warburg als Teilhaber des Bankhauses „Kuhn, Loeb & Co." sowie Präsident der International Acceptance Bank in New York einer der Finanzberater der amerikanischen Regierung. Ihr Erbe wurde bis in die jüngste Zeit durch Frederick Marcus, Eric Max und Siegmund George Warburg angetreten, mit deren Namen sich solche renommierten Banken wie „Warburg & Co." Amsterdam, „S. G. Warburg & Co." London, „E. M. Warburg, Pincus & Co." New York, „M. M. Warburg-Brinckmann, Wirtz & Co." Hamburg oder „Effectenbank-Warburg AG" Frankfurt/Main verbinden. Weitere bekannte Angehörige der Familie waren der Unternehmer Frederik Elias Warburg, der Gründer der Londoner elektrischen Straßenbahn, und der Verleger Frederic John Warburg, einer der Chefs des Londoner Verlages „Secker & Warburg", sowie die Staatsdiener Samuel Warburg, ein hoher schwedischer Regierungsbeamter, und Moritz Warburg, Rechtsanwalt und Mitglied des deutschen Reichstages.

Hinter diesen Politikern, Wirtschafts- und Finanzmagnaten standen die Wissenschaftler der Familie nicht an Bedeutung und Einfluß zurück. Neben Otto Heinrich und seinem Vater Emil Warburg, Physiker und zuletzt Präsident der Physikalisch-Technischen Reichsanstalt, seien der schwedische Literaturhistoriker und -kritiker Karl Johan Warburg, der Berliner Botaniker und Zionistenführer Otto Warburg, der Hamburger Kunsthistoriker Aby M. Warburg und der Mathematiker Oscar Warburg aus Cambridge genannt (vgl. [B 7]).

Nun wäre es illegitim, wollte man alle diese Warburgs durch enge Familienbande verknüpft und den jungen Otto ihrem direkten Einfluß ausgesetzt sehen. Bereits Ottos Vater war zur christlichen Konfession übergetreten und hatte nur noch lockere Bindungen zu seiner weitverzweigten Familie. Auch sein Sohn Otto pflegte keinerlei Kontakte zu ferneren Verwandten oder gar zu jüdischen Gemeinden, zumal er zeitlebens über keinen ausgeprägten Familiensinn verfügte und sich in religiösen Bekenntnissen sehr zurückhielt. Dennoch fühlte sich auch Otto in seiner Jugend der Geisteshaltung der Warburgs verpflichtet, mit höchstem persönlichen Einsatz der bestehenden Ordnung zu dienen. Auch für sich ließ er gelten: „Amboß oder Hammer sein!" Insofern fühlte er sich als geistiger Aristokrat der preußischen Hierarchie sehr verbunden und vermeinte bei seiner Vorliebe für Tüchtigkeit, Geradheit, Exaktheit und Ordnung sogar, im preußischen Militär eine wahre Tugendschule zu finden. Nach dem kläglichen Niedergang des Preußentums zog ihn dann zunehmend der englische Konservatismus an, der seines Erachtens „Form und Stil" bewahrte. Inwieweit Warburg durch die reichen Erfahrungen seines Lebens später zu veränderten Einsichten fand, soll weiter unten angesprochen werden.

Vorerst, als „Kind seiner Zeit" im festen Glauben an Recht und Ordnung des Wilheminischen Kaiserreiches, arbeitete Otto Warburg, den hohen Maßstäben seiner Familie folgend, zielstrebig auf eine führende Position im Wissenschaftsbetrieb hin. Dank der nachhaltigen Eindrücke im Elternhaus sah er hier sein aussichtsreichstes Wirkungsfeld. Auf eine Hochschullaufbahn eingestellt, bot sich ihm nun 1913/14 – was den Zeitpunkt seiner gerade abgeschlossenen akademischen Qualifizierung anbelangt eher glücklicherweise und zufällig – die seinen Interessen und Fähigkeiten stark entgegenkommende Gelegenheit, in einer auf höchste Effektivität gerichteten, reinen Forschungseinrichtung zu arbeiten. Aufgrund seiner weitsichtigen, zukunftsweisenden Forschungskonzeption und seiner außerordentlichen Leistungsfähigkeit hatte er sich der KWG empfohlen. Es gehörte zur Strategie dieser neu entstandenen Forschungsgesellschaft, aussichtsreich erscheinende, neuartige Gebiete durch deren Spitzenvertreter systematisch bearbeiten und den Ambitionen der Wissenschaftler dabei volle Entfaltungsmöglichkeiten zu lassen.

Die Rechnung der Träger der KWG aus Staat und Wirtschaft, unter solchen besonderen personalpolitischen Erwägungen mit den KWI die experimentelle Forschung zu entwickeln und sie in zunehmendem Maße an den aktuellen gesellschaftlich-praktischen

Anforderungen der kapitalistischen Gesellschaft zu orientieren, ging auf. Gerade die Biowissenschaften, die um die Jahrhundertwende zwar auf eine Fülle von Ergebnissen der exakten Grundlagenforschung verweisen konnten, aber hinsichtlich ihrer praktischen Bedeutung noch weit hinter der Physik und Chemie zurückstanden, erhielten spürbaren Aufschwung. So ist der mit dem KWI für Biologie gewachsene Institutionalisierungsgrad neuerer biologischer Disziplinen zugleich ein sichtbarer Ausdruck des engen Zusammenhanges zwischen Ökonomie, Politik und Ideologie einerseits und der Wissenschaft andererseits.

War bereits die für Warburg zeitlich günstige Berufung zum Leiter einer eigenständigen Abteilung am KWI für Biologie ein für den Ausbau seiner Forschungsstrategie glücklicher Umstand, so sollte seine Arbeit vor allem in den zwanziger Jahren durch weitere unvorhergesehene, vorteilhafte Möglichkeiten gefördert werden, ohne die ihm bei aller Genialität mit Sicherheit so manche Entdeckung, allein aus unzureichenden materiellen Gründen, versagt geblieben wäre.

Im bürgerlichen Wissenschaftsmanagement spielen Spenden und Stiftungen aus privater und öffentlicher Hand zur Förderung bestimmter Forschungsrichtungen seit jeher eine große Rolle. Auch Warburg nutzte solche Gelegenheiten, wo sie sich ihm boten. Bereits in Heidelberg und Neapel hatte er zwischen 1912 und 1914 verschiedene Versuchsserien auf der Grundlage eines Stipendiums der Berliner Jagor-Stiftung[1]) ausgeführt. Besondere Bedeutung für ihn erlangte aber dann die Unterstützung durch die amerikanische Rockefeller-Stiftung, die er ab 1923 erfuhr.

Bereits kurz nach dem ersten Weltkrieg hatte die Rockefeller-Stiftung begonnen, auch in Deutschland wissenschaftliche Einrichtungen und Projekte zu unterstützen. Zum wichtigsten institutionellen Mittler wurde dabei die 1920 von Schmidt-Ott und Haber ins Leben gerufene „Notgemeinschaft der deutschen Wissen-

[1]) Über die Jagor-Stiftung Berlin liegen hier keine zuverlässigen Quellen vor. Sehr wahrscheinlich handelte es sich um eine Unternehmung der Stadt Berlin, der der Weltreisende und Völkerkundler russischer Abstammung Andreas Fedor Jagor, „eine der originellsten Gestalten aus dem wissenschaftlichen Leben Berlins" des 19. Jahrhunderts, nach seinem Tode im Jahre 1900 ein beträchtliches Vermögen „zur Herstellung volkstümlicher Anstalten" hinterlassen hatte [49].

schaft" (vgl. [16, S. 410ff.]). Nach der anfänglichen Übernahme von Teilkosten für Fachjournale und insbesondere medizinische Literatur wurde 1922 auch ein Stipendienprogramm für junge Leute entwickelt, „die sich für das Fach Medizin und seine Beziehungen zu den exakten Wissenschaften Chemie und Physik interessierten" [26, S. 350]. Das ursprüngliche Hauptinteresse der Stiftung galt im besonderen Maße der medizinischen Lehre und Forschung an den deutschen Universitäten. Die von der akademischen Ausbildung losgelöste Forschung wurde für die amerikanischen Sponsoren prinzipiell erst um 1930 interessant.
Bei dieser grundsätzlichen Orientierung der frühen zwanziger Jahre erscheint es nicht weiter verwunderlich, daß Warburg als „besonders vielversprechender Wissenschaftler" schon bald zu den Stipendiaten gehörte (neben Lohmann, später auch Butenandt u. a.) und in engen Kontakt zur Rockefeller Foundation kam, zumal Loeb am Rockefeller Institut for Medical Research in New York aufmerksam seine Arbeiten verfolgte und 1922 eine erste Delegation der Amerikaner am KWI für Biologie in Dahlem weilte. Dieser Verbindung entsprangen auch Warburgs USA-Aufenthalte in den Jahren 1924, 1925 und 1929, wobei ihm schließlich das großzügige Angebot zur Finanzierung eines eigenen Institutes unterbreitet wurde. In seinen persönlichen Erinnerungen betrachtete von Ardenne diesen Umstand als einen „wohl einmalig gebliebenen Fall einer zu Höchstleistungen anspornenden Forschungsförderung durch Gewährung von Vertrauen und geistiger Freiheit an einen genialen, nur für die Wissenschaft lebenden Menschen". [B 9, S. 63].
So einmalig war dies allerdings nicht, hatte doch die Rockefeller-Stiftung Mitte der zwanziger Jahre im Prinzip begonnen, auch die Ausstattung von Laboratorien, ja sogar ganzer Institute in Deutschland zu finanzieren. Das erste größere Bauprojekt der KWG, das die Stiftung förderte, war das Münchener KWI für Psychiatrie unter Emil Kraepelin. Neben Warburg wurde 1929 ferner auch Oskar Vogt Unterstützung für das KWI für Hirnforschung in Berlin-Buch zugesagt. Verschiedene Projekte wurden schließlich ab 1933 durch die zunehmende Konfrontationspolitik der faschistischen deutschen Regierung zunichte gemacht, wobei aber bis 1937 noch Beihilfen und Stipendien, besonders zur Förderung der experimentellen Biologie, erfolgten [26].

Wie die Wissenschaftsförderung durch die Rockefeller Foundation an deutschen Institutionen in der Zeit der Weimarer Republik zeigt, kamen die vor allem auf die Integration naturwissenschaftlicher und medizinischer Forschung gerichteten Interessen der Stiftung Warburgs interdisziplinären Konzepten sehr entgegen. Während er so in die Lage versetzt wurde, seine materielle Basis stetig zu erweitern, führte die kritische Weltwirtschaftssituation jener Jahre in den meisten anderen Bereichen zu diametralen Entwicklungen. Exakt für den Zeitraum, in dem Warburg sein neues Institut bezog, mußte die KWG in ihrem Tätigkeitsbericht (April 1931–März 1932) konstatieren:

Die Gesellschaft blickt auf ein besonders schwieriges Berichtsjahr zurück, wirkte sich doch die allgemeine Krisis auch auf die Zuschüsse der öffentlichen Hand und der privaten Gönner in erheblichem Maße aus. Alle Institute mußten in ihrem Etat erheblich gekürzt werden ... [60]

Es darf schon als glücklicher Umstand gelten, daß sich ihm just zu der Zeit großzügige Quellen öffneten, als sie anderenorts versiegten. Hinzu kam eine weitere, äußerst vorteilhafte Fügung. Noch während das KWI für Zellphysiologie errichtet wurde, war er im Testament einer an Krebs gestorbenen Frau Hildegard Gradewitz großzügig bedacht worden. Sie hatte im Rahmen der „Richard-Gradewitz-Stiftung"[1]) eine hohe Geldsumme zur Unterstützung der Krebsforschung ausgesetzt, wodurch Warburg zu einem Fonds gelangte, der es ihm gestattete, weitere Ausstattungsmittel zu erwerben und seine laufenden Unterhaltskosten und jährlichen Aufwendungen zu finanzieren. Wie wichtig diese Quelle war, zeigen die Probleme des parallel laufenden Projektes für das KWI für Physik, das erst dann entscheidend voran kam, als im Ergebnis schwieriger Verhandlungen 1935 endlich durch die faschistische Regierung die Zusage zur Übernahme der jährlichen Unterhaltskosten erfolgte (vgl. [26]).
Wie diese Hintergründe erhellen, verdankte Warburg die Förde-

---

[1]) Der in Berlin-Grunewald wohnhafte Ingenieur und Fabrikbesitzer Richard Gradewitz hatte als Vorsitzender der Aufsichtsräte der Luftfahrzeug-Gesellschaft sowie der Knorrbremse AG Berlin bzw. als Präsident der Deutschen Versicherungsanstalt für Luftfahrt Berlin über ein ansehnliches Vermögen verfügt. Gradewitz war in den zwanziger Jahren auch Vorsitzender des „Aero-Clubs von Deutschland" und Mitglied der KWG [52].

rung seiner Arbeit keiner über den konkreten historischen Bedingungen stehenden, von den „sich ablösenden Machthabern unabhängigen" Forschungsstrategie. Er verstand es vielmehr sich mit der KWG sowie der Rockefeller-Stiftung modernen und flexiblen Leistungsträgern staatsmonopolistischer Wissenschaftspolitik zu verpflichten. Mit der Hinwendung zur Krebsproblematik hatte er ferner eine Thematik gewählt, die zunehmend ins öffentliche Interesse rückte, verstärkt private und öffentliche Förderer fand und ihm, wie noch darzustellen sein wird, in gewisser Weise auch über die dunklen Jahre der Hitlerdiktatur hinweghelfen sollte. Es steht außer Frage, daß Warburg voll und ganz die Erwartungen seiner Geldgeber erfüllte, führte doch seine, ursprünglich „nur" auf zellenergetische Grundlagen gerichtete Forschung letztenendes zur Begründung eines neuen Zweiges der chemischen Industrie.

Infolge seiner sozialen Herkunft, Entwicklung und Stellung fühlte er sich dem bürgerlichen Staat ideologisch verpflichtet. Obwohl ein Fachmann von Format, der äußerst sensibel auch auf den kleinsten Erkenntnisfortschritt seines Fachgebietes zu reagieren wußte, war er doch weltanschaulich schlecht gerüstet, um die soziale Wirklichkeit zu begreifen. Erst anhand eigener Erfahrungen fand er zu einer differenzierteren Sicht.

Warburgs Verhältnis zu Militarismus und Faschismus

Die militaristische und chauvinistische Erziehung der Studenten und jungen Intelligenz unter der Wilhelminischen Monarchie hatte 1914 auch Warburg wie so viele andere verblendete und gläubige junge Menschen bewogen, freiwillig auf die Schlachtfelder zu ziehen. Für viele führte dieser Weg in den Tod vor Langemarck, Verdun oder Ypern. So fielen im ersten Weltkrieg allein 1100 Angehörige der Berliner Universität, vom Studenten bis zum Nobelpreisträger [18, S. 143]. Wirkte der Kriegsverlauf auch ernüchternd, so vermochte Warburg doch ebenso wie die meisten seiner Kollegen nicht, die politischen Ursachen des Weltbrandes und die wahrhaft historische Dimension der folgenden revolutionären Ereignisse der Jahre 1917 bis 1919 zu erkennen. Es spricht für die Nachhaltigkeit seiner deutsch-nationalen Gesinnung jener Zeit und wirkt bei seiner großen Lebenserfahrung zugleich befremdend, wenn er noch 1966 einschätzt:

Die einzige Unterbrechung meiner wissenschaftlichen Arbeit in den vergangenen 53 Jahren waren 4 Jahre Weltkrieg I. Ich bedaure diese Unterbrechung nicht. In einer der schönsten Uniformen der alten preußischen Armee habe ich bei den Vormärschen in Rußland viele Patrouillen vor unserer Front geritten. Später, als der Bewegungskrieg zu Ende war, war ich Ordonnanzoffizier bei manchen unserer Heerführer. Ich lernte dabei die Wirklichkeit kennen, die mir in meinem Laboratorium bisher entgangen war. Ich lernte den Umgang mit Menschen, gehorchen und befehlen. Ich wurde belehrt, daß man mehr sein muß als scheinen. (vgl. [B 42, S. 23f.])

Obgleich Warburg selbst verwundet wurde und ihm sicher auch als Ordonnanzoffizier in hohen Stäben die blutigen, sinnlosen Opfer aller Seiten nicht verborgen blieben, kommt er bei aller ihn auszeichnenden Denkkraft doch nur zu einer sehr oberflächlichen „Wirklichkeits"-Auffassung. Welch' schreckliche Folgen dieser Krieg wirklich hatte, räumte er 1965 in seinem Nekrolog auf Gerhard Domagk ein, der 1914 ebenfalls freiwillig ins Feld gezogen war: „In Langemarck lernte er die Wirklichkeit kennen. Nur vier seiner Klasse blieben am Leben, er selbst wurde verwundet." [A 27, S. 1484]
Aus seiner Erfahrung „Weltkrieg I" zog Warburg scheinbar keine bemerkenswerten Konsequenzen. Er schätzte vielmehr bei aller Kritik nach wie vor das Militär, „wo doch eine reinere Luft herrscht" (vgl. [B 12, S. 27]. Andere Wissenschaftler revidierten ihre Ansichten. So ließ Warburgs berühmter Biochemiker-Kollege Leonor Michaelis im Falle Paul Ehrlichs für die Zeit vor dem ersten Weltkrieg noch gelten, daß Ehrlich als Mensch ohne jegliche politische oder künstlerische Ambitionen „ganz und gar von der Wissenschaft absorbiert" und in ihm „die Arbeitsteilung der Menschheit bis zur Übertreibung verkörpert" war. Aber „heute [im März 1919 – d. A.] ist ein ‚unpolitisches Lebewesen' ein Ding der Unmöglichkeit geworden ..." [28, S. 165]. Charakteristisch hierfür ist der politische Wandel Emil Fischers, der 1914 den berüchtigten „Aufruf an die Kulturwelt" mitunterzeichnet hatte, vom illusionsbeladenen, exponierten Verfechter der verbrecherischen, imperialistischen Kriegsziele hin zum Antimilitaristen. Durch den Verlust

zweier Söhne und den Niedergang der Wissenschaft schlug sein eilfertiger Konformismus um in Haß gegen den Krieg und Verbitterung gegen die seines Erachtens schuldigen „Autokraten", Demagogen und Geheimdiplomaten (vgl. [39, S. 134]).

Vielleicht gehörte Warburg zu denen, die sich unpolitisch dünkten, die sich wieder nach der „Ordnung" und „Normalität" ihres wissenschaftlichen Alltages sehnten und die enormen Kriegslasten und -folgen mit dem einzig verbliebenen, unantastbaren geistigen Potential der Heimgekehrten zu tilgen suchten (vgl. [16]). Dieser Haltung verlieh Planck 1919 am Leibniztag der Berliner Akademie Ausdruck, als er sagte: „Denn die Wissenschaft gehört mit zu dem letzten Rest von Aktivposten, die uns der Krieg gelassen hat ... Und gerade diese idealen Güter werden uns am allernötigsten sein, wenn wir auf die Wiederaufrichtung unseres Vaterlandes hoffen wollen." [71, S. 548]

Sollte Warburg je versucht haben, sich den ideologischen Konsequenzen des ersten Weltkrieges zu entziehen, so wurde er durch die einschneidende Entwicklung der dreißiger und vierziger Jahre mit dem noch folgenschwereren zweiten Weltkrieg unausweichlich gefordert, Position zu beziehen.

Auf den akademischen Massenexodus, den die Wissenschaftsfeindlichkeit des deutschen Faschismus hervorrief, wurde bereits verwiesen (s. S. 47). Eine erste spürbare Auswirkung auch auf die KWG war, daß die Mitgliederzahl von 829 im Jahr vor der faschistischen Machtübernahme bis Anfang 1935 auf 656 sank. Hierfür werden in den Tätigkeitsberichten der Gesellschaft „hauptsächlich wirtschaftliche Umstände" angegeben, was nicht minder lakonisch klingt als die kurze Bemerkung über Haber, der als langjähriger Direktor des KWI für Physikalische Chemie und Elektrochemie 1934 „auf einer Erholungsreise in der Schweiz" verstorben sei, nachdem er ein Jahr zuvor sein Amt „aus eigenem Entschluß" niedergelegt hätte [60] [1]). Der Vertreibungs- und Faschisierungskurs

---

[1]) Haber war ein eingeschworener Nationalist und im ersten Weltkrieg maßgeblicher Initiator und Organisator des chemischen Krieges, doch veranlaßte ihn die Vertreibung einiger seiner Abteilungsleiter 1933, die ihm trotz jüdischer Abkunft als ehemaligem „Frontkämpfer" eingeräumte einstweilige Vergünstigung auszuschlagen und seine Direktorenstelle aufzukündigen. Nach England emigriert, verstarb er als gebrochener Mann auf einer Reise in die Schweiz.

der Nazis wurde in der KWG nicht ganz so plump und überstürzt wie an den Hochschulen durchgesetzt. Mit Beginn des zweiten Weltkrieges konnte aber der neue Generalsekretär der KWG, Ernst Telschow, feststellen: „Fast die Gesamtheit der 36 Institute der Gesellschaft konnte für die Lösung kriegs- und wirtschaftswichtiger Probleme eingesetzt werden ..." [74, S. 7]; und 1942 verkündete der nunmehrige KWG-Präsident Albert Vögler: „Alle Forschung beseelt nur ein Ziel: schnellste Auswertung der Ergebnisse für die Kriegsführung." [75, S. 6]

Da nicht nur Wissenschaftler emigrierten, die persönlich verleumdet und verfolgt wurden, sondern auch solche, die die faschistische Willkür nicht mehr länger ertragen konnten und eine solche auf die Kriegsführung orientierte wissenschaftliche Heimstatt nicht mehr akzeptieren wollten, mußten sich Forscher wie Warburg, die blieben, während der Nazidiktatur und vor allem nach deren grausigem Ende die Frage nach den Motiven ihres Verbleibens gefallen lassen. Hier gab es später gerade auf amerikanischer und englischer Seite eingedenk der jüdischen Vorfahren Warburgs zählebige Vorbehalte gegen den „Ehrennazi", „da man dort anfänglich nicht verstehen konnte, wie Warburg, ohne mit dem NS-Regime zu kollaborieren, das Dritte Reich anders als in einem KZ überstanden hatte" [B 23, S. 309]. „Weniges hat ihn daher so getroffen, wie die eisige Kälte der Verachtung, die ihm nach Kriegsende als einem Verräter aus den Kreisen der Emigranten und der altamerikanischen Juden entgegenschlug." [B 12, S. 29]

Gehörte Warburg, wie A. V. Hill ihm vorwarf, wirklich zu den charakterschwachen und willfährigen Wissenschaftlern, die Hitler ergeben dienten? Oder zählte er zu den „Ausnahmen unter den angesehenen deutschen Wissenschaftlern", die trotz erheblicher Deformationen ihrer Fachgebiete und diskriminierender Einschränkungen Deutschland nicht verließen und „sich nicht in Stillschweigen hüllten" [27, S. 14]?

In den ersten Jahren der faschistischen Diktatur war Otto Warburg, da er der Naziideologie entsprechend „nur" ein „Halbjude" war, keinerlei Beziehungen zu jüdischen Gemeinschaften hatte und bei der KWG nicht so sehr im Blickfeld der Öffentlichkeit stand wie etwa an einer Hochschule, sicher nicht solchen Angriffen ausgesetzt wie viele seiner Kollegen. Dennoch dürfte er schmerzlich verspürt haben, daß er selbst nach der Verleihung des

Nobelpreises nicht in der Berliner Akademie aufgenommen wurde, was demgegenüber solchen Pseudowissenschaftlern und Rassenfanatikern wie Eugen Fischer (1937) und Othmar von Verschuer (1943) nicht versagt blieb. Konnte er zunächst noch ungehindert reisen, so 1933 zu Vorträgen an die Columbia Universität in New York und 1934 zur Entgegennahme des Ernennungsdiploms zum Auswärtigen Mitglied der Royal Society nach London, machten sich aber spätestens 1938 Reisebeschränkungen bemerkbar, als er am Internationalen Physiologenkongreß in Zürich teilnehmen wollte. Der Reichsminister für Wissenschaft, Erziehung und Volksbildung teilte ihm am 10. August mit, daß die „Teilnahme reichsdeutscher Nichtarier an internationalen wissenschaftlichen Kongressen im Ausland nicht erwünscht" sei (vgl. [B 23, S. 307]). Warburg sandte kommentarlos ein Telegramm in die Schweiz: „Muß Teilnahme absagen ohne Angabe von Gründen." (vgl. [B 46, S. 256]) Sehr wahrscheinlich durfte er auch nicht zu seiner Ernennung zum Mitglied der Société Philomatique de Paris nach Frankreich fahren.
Daß es bei der sich steigernden antisemitischen Hetze vorerst bei solchen relativ geringfügigen Konsequenzen blieb, soll Krebs, Nachmansohn und von Ardenne zufolge zwei Umständen zuzuschreiben sein. Warburg habe durch seinen Freiwilligendienst im ersten Weltkrieg, als er selbst zu solch' reaktionären Generälen wie Erich Ludendorff Kontakt gehabt haben soll, über zahlreiche, erhalten gebliebene Beziehungen zu hochrangigen Offizieren der Wehrmacht verfügt, die sich für seine Sicherheit verwendeten. Auf diesem Wege sei Hermann Göring veranlaßt worden, eine „Neuberechnung" von Warburgs Abstammung zu arrangieren und ihn zum „Vierteljuden" zu deklarieren [B 46], [B 42, S. 80]. Dabei wäre es möglich gewesen, die Krebsangst des „Führers" geschickt ins Spiel zu bringen, der unmittelbar mit Warburgs Arbeiten über Krebs eigene Hoffnungen verbunden hätte. Hitler selbst habe seit seiner Stimmbandoperation durch Carl von Eicken wegen seiner häufigen rhetorischen Auftritte Angst vor Kehlkopfkrebs gehabt und von Warburg, dessen Krebsforschung seinerzeit viel Aufsehen erregte und der als einer von nur wenigen eine aussichtsreiche Krebstherapie schaffen zu können glaubte, ein Krebsheilmittel erwartet [B 9, S. 74], [B 42, S. 80]. Hierdurch sei es schließlich sogar zum persönlichen Schutz Warburgs durch den

Leiter von Hitlers Reichskanzlei, Reichsleiter Philipp Bouhler, einem der Hauptverantwortlichen für das berüchtigte „Euthanasie"-Programm, gekommen.
Auch wenn diese Zusammenhänge bislang nicht durch Primärquellen belegt sind und ausschließlich auf Überlieferungen beruhen, dürfte dies doch wahrscheinlich gewesen sein. Vor allem hierauf bezogen sich dann auch die Vorwürfe gegen Warburg, dessen Institut im Krieg sogar holländische Gefangene zur Weiterführung der Arbeiten zur Verfügung gestellt wurden. Da erschien auch die Besonderheit seines Verhältnisses zu den Kriegsgefangenen, denen er „jeden Sonnabend eine Gans braten und eine Torte backen" ließ [B 9, S. 74], wenig entkräftend, obgleich er deshalb doch auch denunziert und von oberer Stelle zurechtgewiesen wurde.
Warburg hat sich aber auf keinen Fall in seiner Arbeit von den Richtlinien der faschistischen Politik leiten lassen, so daß es ungerechtfertigt ist, von Kollaboration zu sprechen. Andererseits war er auch kein Mann des Widerstandes, obwohl er seinen langjährigen technischen Mitarbeiter Erwin Haas, der als ungarischer Jude 1938 Deutschland verlassen mußte, unterstützte und eine adäquate Arbeitsstelle in den USA für ihn finden half und zunehmend, vor allem 1944/45 in Liebenberg, aufbegehrte, wodurch er Ermittlungen der Gestapo auf sich zog.
Daß Warburg jedenfalls aufgrund seiner Weltgeltung nicht als „extraterritorial" galt und selbst seine im Alter gemachte, übertriebene Äußerung, „nicht einmal Diktatoren" hätten ihn in seiner Arbeit „gestört", in keiner Weise zutrifft, belegt der schmale Grat, auf dem auch ein Warburg mit viel Glück und nur dank aufmerksamer, ihm wohlgesonnener Kollegen letzten Endes das zusammenbrechende Hitler-Regime überstehen konnte. Diese Zusammenhänge wurden erst in jüngster Zeit durch den Direktor des Archivs zur Geschichte der MPG in Westberlin, Eckart Henning, auf der Grundlage der Personalakte Warburgs erhellt [B 23].
Am 2. März 1939 forderte das zuständige Reichsministerium die KWG auf, „weitere Angaben über die arische Abstammung des Direktors des Kaiser-Wilhelm-Instituts für Zellphysiologie, Prof. Dr. Otto Warburg, in Berlin-Dahlem" zu machen. Daraufhin erklärte Warburg gegenüber der Generalverwaltung der KWG ausweichend, daß er kein Jude im Sinne der Nürnberger Gesetze

sei. Zwei Jahre später verlangte dann im April 1941 der SS-Führer Rudolf Mentzel, einer der einflußreichsten Männer im Rustschen Wissenschaftsministerium, unter Ausnutzung der nach dem Tode von Carl Bosch seit dem Vorjahr vakanten Präsidentenstelle der KWG die Absetzung Warburgs als Direktor des KWI. Der geschäftsführende Telschow informierte umgehend den KWG-Vizepräsidenten, Carl Friedrich von Siemens, der aber auch die drohende Gefahr nicht abwenden konnte, so daß die Gesellschaft Anfang Juni 1941 Warburg amtlich mitteilen mußte, daß er sein Amt auf ministeriellen „Wunsch" bis zum 30. Juni niederlegen müsse. Telschow und Warburg erhoben jedoch gemeinsam am 21.Juli 1941 Einspruch in der Reichskanzlei. Im Ergebnis ihrer Intervention wurde kurz darauf die bereits ausgesprochene Kündigung wieder ausgesetzt und dann auch zurückgenommen. Dieser rettende Eingriff geht sehr wahrscheinlich direkt auf Bouhler zurück. Wie vielschichtig die Bemühungen um Warburg gewesen sein dürften, läßt sich auch aus der Tatsache schließen, daß die Ehefrau eines eng befreundeten Kollegen, des Labordirektors der Berliner Schering AG Walter Schoeller, der auch dem Kuratorium von Warburgs Institut angehörte, eine Schwägerin Bouhlers war.
Für seinen weiteren Schutz wirkte sich sodann die Einstufung des KWI für Zellphysiologie als „Wehrinstitut" aus, „da es zu den vom Oberkommando der Wehrmacht durch Verfügung vom 6. März 1942 ... als kriegswichtig anerkannten Instituten" gehörte. Desweiteren fand sich Adolf Butenandt bereit, ein „Gesuch des jüdischen Mischlings 1. Grades Prof. Dr. Warburg auf Gleichstellung mit Deutschblütigen" vom 8. September 1942 zu unterstützen. Die Integrität Warburgs wurde ferner gesteigert, als der Präsident des Reichsausschusses für Krebsbekämpfung Maximilian Borst, der die Dahlemer Arbeiten bereits in den zwanziger Jahren sehr geschätzt hatte, ihn Ende 1942 zum Mitglied des Reichsausschusses berief (vgl. [B 23, S. 307f.]).
Als Warburg mit seinem Institut 1943 in die Uckermark umzog, geriet er auch etwas aus dem öffentlichen Blickfeld. In dieser Zeit beging er seinen 60. Geburtstag – ohne daß, auf obersten Beschluß der Reichspressestelle, die Zeitungen Notiz davon nehmen durften. Wie sehr Warburg aber gerade in Liebenberg in Gefahr geriet, wobei „es zum Schluß um Warburgs Kopf gehen mochte" [B 12, S. 26], weiß sein damaliger wissenschaftlicher Mit-

arbeiter Bücher zu berichten. „Mit schwer gezügelter Ungeduld erwartete Warburg das Kriegsende und den Zusammenbruch der Herrschaft Hitlers“ [B 12, S. 29], so daß sein Interesse an der Ausgestaltung des Provisoriums erlosch, während seine Mitarbeiter unverdrossen weiter „werkelten“.

Bereits im Dezember 1943 wurde er dann durch ein anonymes Schreiben erneut bei der Geheimen Staatspolizei denunziert. Bei intimer Kenntnis seines Alltagsverhaltens, wie aller seiner Mitarbeiter, warf der Urheber „ihm nicht nur unerlaubtes Autofahren, defätistische Bemerkungen, Deutschenhaß und Anglomanie vor, sondern wies auch darauf hin, daß er in der Wilhelmstraße gedeckt werde“ [B 23, S. 308]. Es kam dadurch zu einer tiefen Vertrauenskrise und „entsetzlichen, sich zwangsläufig steigernden Differenzen Warburgs mit seinen Leuten“. Die Vorwürfe richteten sich vor allem gegen Kubowitz, der nach Büchers Auffassung „nicht ohne eigene Schuld in die Netze der geheimen Staatspolizei“ geraten sei. „Der äußerst gefährliche, schließlich durch ungewöhnliche Anstrengungen unterdrückte Vorgang hat das Klima in der Gruppe sehr belastet.“ [B 12, S. 11] Da Warburg sich damals im geheimen von Menschen seiner unmittelbaren Umgebung verfolgt und sogar tödlich bedroht wähnte, habe Bücher sich oft veranlaßt gesehen, „diesen zu beruhigen und seine bösen Geister zu bekämpfen“ [B 12, S. 31 f.]. Die gegen Warburg in Gang gesetzten geheimen Ermittlungen „konnten erst unterdrückt werden, als ein hoher Parteifunktionär aus Hitlers unmittelbarer Umgebung von einer verflossenen Freundin oder so nach Liebenberg gelotst“ und von der Arbeitsbereitschaft Warburgs sowie der Arbeitsfähigkeit seines Instituts überzeugt wurde [B 12, S. 26].

Die seinen Fall betreffende Gestapo-Akte soll Warburg nach der Befreiung von sowjetischer Seite übergeben und später von ihm selbst vernichtet worden sein. Es erscheint somit heute nicht mehr möglich, die genauen Hintergründe und Geschehnisse aufzuklären. „Fest steht, daß er auch in dieser lebensgefährlichen Situation nach zwei von Freunden in der Reichskanzlei geführten Besprechungen noch einmal vor der Verhaftung bewahrt wurde.“ [B 23, S. 308]

In der kurzen, bis zur bedingungslosen Niederlage verbleibenden Zeit hatte der zusammenbrechende faschistische Staat schließlich andere Sorgen. Warburg mußte lediglich auf Kubowitz und Negelein verzichten, die zum Volkssturm eingezogen und an die Oderfront abkommandiert worden waren. Seine anderen Assistenten konnten ihre „u. k."-Stellung behaupten. In dieser Frage fühlte sich Bücher seinem „Meister" sehr verbunden:

Er hat mich aus dem Felde zurückgeholt und jede weitere Einziehung verhindert, ohne daß ich gezwungen war, die Kriegsmaschinerie durch irgendeinen wissenschaftlichen Halbschwindel zu betrügen. Das heißt, bei meinem Alter und meiner militärischen Ausbildung als Sturmpionieroffizier in der Summe nicht weniger, als daß ich ihm mein Leben verdanke. [B 12, S. 31]

Wie das Beispiel Warburgs zeigt, gab es eine Reihe führender deutscher Wissenschaftler, die, so unterschiedlich im einzelnen auch die Motive und konkreten Umstände gewesen sein mögen, nicht dem geistigen Druck und den propagierten Zerrbildern der Nazis erlagen, sondern ihre Position, wenn auch mehr oder weniger eingeschränkt, zu behaupten und in dieser Zeit wesentliche Beiträge zum internationalen Erkenntnisfortschritt zu erbringen vermochten. Neben Warburg trugen so nach 1933 auch auf deutschem Boden Forscher wie Butenandt, Max Hartmann, Alfred Kühn, Kuhn, Spemann, August Thienemann, Nikolai W. Timofeeff-Ressovsky, Oskar Vogt u. a. zu Fortschritten der Biowissenschaften bei (vgl. [51]). Da alle Genannten an Instituten der KWG arbeiteten, die sich traditionell der Grundlagenforschung verpflichtet fühlte, boten sich hier offensichtlich dazu am ehesten Möglichkeiten, zumal die faschistische Wissenschaftspolitik in erster Linie auf angewandte Industrie- und Rüstungsforschung orientierte.
Die Beweggründe von Wissenschaftlern, auf ihrem Platz im faschistischen Deutschland zu bleiben, waren sehr verschiedenartig. Spielte zum Beispiel für solch konservative Gelehrte wie Planck ihre traditionelle, quasi unaufkündbare Staatsloyalität eine ganz wesentliche Rolle, so wollten andere, wie von Laue, ihre Fachgebiete nicht preisgeben, um sie in der Hoffnung auf den baldigen Niedergang des „Tausendjährigen Reiches" gegen die obskure, pseudowissenschaftliche „Verdeutschung" zu verteidigen. Wieder andere, wie Werner Heisenberg, versuchten, eine möglichst umfangreiche wissenschaftliche Kapazität in ein bürgerliches Nachkriegsdeutschland hinüberzuretten und sich „vor Ort" für den Wiederaufbau zur Verfügung zu halten [13, S. 528 ff.].

Otto Warburg war kein Sympathisant der Nazis, obwohl er ihrem System diente. Er war ein Mann, der aufrecht und unbelastet zu bleiben versuchte, ohne sich aber gänzlich von seinem gesellschaftlichen Umfeld lossagen zu können. In pragmatischer und gewisserweise auch berechnender Manier hoffte er, auf die bewährte Unterstützung hochstehender Gönner vertrauend, seinen eigenen Weg durch die Nazidiktatur zu finden – einen Weg, den er aber letztlich ohne die Hilfe selbst hochrangiger Nazis nicht hätte glücklich überstehen können. Es dürfte eine bittere Lehre gewesen sein, daß es auch in der Politik, wie er es im übrigen für die Wissenschaft sei langem geltend machte, keine Unparteilichkeit geben kann.

Warburg widmete sich der Wissenschaft um ihrer selbst willen. Sich auf Francis Bacon berufend, war er überzeugt, „daß die Erweiterung des Wissens der Mühe wert ist und zum Wohle der Menschheit beiträgt“ [B 42, S. 106].

27 Der Moskauer Akademiker und Universitätsprofessor für Elektrochemie Alexander N. Frumkin, Otto Warburg und der Berliner Botaniker Kurt Noack, Direktor des Pflanzenphysiologischen Instituts der Humboldt-Universität, (v. l. n. r.) während des Akademiekolloquiums über „Spezielle Fragen der Kinetik der Elektrodenvorgänge“, Berlin 1957 (Foto: Zentralarchiv der AdW der DDR, Berlin)

28 Otto Warburg im Gespräch mit dem Präsidenten der Kammer der Technik und Berliner Ordinarius für chemische Technologie Hans Heinrich Franck, Berin 1957 (Foto: Zentralarchiv der AdW der DDR, Berlin)

29 Otto Warburg, der Minister für Hoch- und Fachschulwesen Ernst-Joachim Gießmann (rechts) und der Minister für Gesundheitswesen Ludwig Mecklinger auf der Jubiläumstagung anläßlich des 10jährigen Wiedererstehens der Berliner Physiologischen Gesellschaft 1965 (Foto: Dozent Dr. Günter Sauer, Berlin)

Er glaubte sich wahrscheinlich ob der Verantwortung für seine großen wissenschaftlichen Aufgaben, wie z. B. die Krebsproblematik, deren Lösung den Menschen unendlich viel Leid ersparen würde, relativ frei von gesellschaftlichen Entwicklungen, so daß er alle Möglichkeiten nutzen wollte, um sich völlig auf die selbstgewählten Aufgaben humanistischen Charakters zu konzentrieren. (von Ardenne [B 28, S. 65])

Von der politischen Entwicklung nach 1945 zeigte Warburg sich enttäuscht. Es entsprach seinen ethischen Prinzipien, wenn er es als besonders „unehrenhaft“ empfand, als im Westberlin der frühen fünfziger Jahre selbst ehemalige Nazis wieder salonfähig und von den Besatzungsmächten hofiert wurden. „Bei einem kritischen Geist, der den Gang der Dinge sehr genau verfolgt“, verurteilte er „die Art, wie Politik gemacht wird“ [B 54, S. 446].
Warburg selbst nahm eine sehr realistische Position ein und trat auch in jenen Jahren für Verständigung und Dialog zwischen Ost und West ein. Als zeitweise einziger nach dem zweiten Weltkrieg in Westberlin noch ansässiger Nobelpreisträger ließ er sich auch von den Provokationen des in den fünfziger Jahren entfachten kalten Krieges nicht beirren und nahm aktiven Anteil am Wissenschaftsbetrieb der DDR-Hauptstadt (Abb. 27, 28 und 29).

Ausklang

Das, was Eugene I. Rabinowitch 1948 über die Anfänge der Erforschung der Photosynthese schrieb [72], kann auf die Biologie im weitesten Sinne erweitert werden: Es ergeht den auf biologischem Gebiet Forschenden wie Reisenden, die in einem unbekannten Land in dichten Nebel eingehüllt sind und vor deren Augen nun die frühen Morgennebel langsam weichen und zunächst noch ungenau die Konturen der Landschaft erkennbar zu werden beginnen. Man darf mit Recht feststellen, daß es zu wesentlichen Teilen in Warburgs Laboratorien gewesen ist, wo auf biochemischem, zellphysiologischem und photobiologischem Entwicklungsweg der Nebel zuerst wich und die Umrisse der Landschaft greifbare Formen anzunehmen begannen.

Im Vorwort zu ihrem Buch „Thermodynamics" verglichen Gilbert N. Lewis und Merle Randall 1923 den Aufbau einer Wissenschaft mit der Errichtung einer Kathedrale, die ihre Entstehung vielen Handwerkern, aber nur wenigen Architekten verdanke [65, S. VII]. Wie Krebs in seiner Warburg-Biographie vermerkte, bezog sich Warburg gern auf dieses Gleichnis. Nach seiner Erfahrung käme es darauf an, die großen Begabungen in der Masse der jungen Wissenschaftler früh zu entdecken und durch Bedingungen zu fördern, die höchste Konzentration und besten Nutzeffekt gestatten. Trotz der ständig steigenden Zahl von Forschern wären es doch nur wenige, die wirklich bahnbrechende Ideen entwickelten (vgl. [B 8, S. 307]).

Unzweifelhaft zählt Otto Warburg zu diesen „Architekten" der modernen Naturwissenschaften, zu den ganz Großen unter den Pionieren der Wissenschaftsentwicklung. Davon zeugen nicht so sehr seine Ehrungen und Würdigungen (s. S. 164) als vielmehr die nicht zu übersehende Tatsache, daß sein Gedankengut heute in unzähligen Laboratorien der Welt zu Hause ist, mittlerweile zu den selbstverständlichen Alltäglichkeiten einer neuen Wissenschaftlergeneration gehört und zum bleibenden, schon anonym gewordenen Wissensschatz der Menschheit zählt.

Doch die Kenntnis von Warburgs Leben und Schaffen ist nicht nur für das Verständnis bereits abgeschlossener Kapitel der Biologie- und Medizingeschichte bedeutungsvoll, sondern zugleich auch für den in die Zukunft blickenden Naturforscher anregend und lehrreich. Wie der amerikanische Biochemiker Nathan O. Kaplan 1986 feststellte, werden die biochemischen Arbeiten Otto Warburgs auch für die moderne Biologie nicht ohne Einfluß bleiben. Die Aktualität seiner Experimente bestehe vor allem darin, daß sie die Art und Weise biologischer Forschung, ihre kausalanalytischen Prinzipien beispielhaft vorführten. In analoger Weise, wie Warburg in der ersten Hälfte unseres Jahrhunderts die noch unfaßbaren Enzyme isolierte, die Art und Weise ihrer Wirkungen charakterisierte und mit ihnen manipulierte, werde man auch bei der Erforschung der Gene im ausgehenden 20. Jahrhundert vorzugehen haben (vgl. [17, S. 293]).

Ihre Ernte ist aus der Geschichte der Naturforschung nicht fortzudenken und kann in ihrer künftigen Auswirkung heute nur erahnt werden ... so, wie das Ganze Ihrer Arbeit Gemeingut der Naturwissenschaften und der Medizin geworden ist. (Glückwunschschreiben der Berliner Akademie der Wissenschaften zu Warburgs 70. Geburtstag 1953, [B 5])

Übersicht 2

EIN HALBJAHRHUNDERT FORTSCHRITTE DER ZELLBIOLOGIE

Die bedeutendsten wissenschaftlichen Leistungen Otto Warburgs (Die Übersicht wurde nach sachlichen, d. h. nicht durchgängig chronologischen Gesichtspunkten angelegt. Die Zeitschriftenabkürzungen zum Quellennachweis werden am Ende der Darstellung erläutert.)

I. Methodische Fortschritte

1. *Weiterentwicklung titrimetrischer Sauerstoffbestimmungsmethoden*

1908–1910 [Hoppe-Seylers Z. 57 (1908) 1–16; 66 (1910) 305–340]	Verbesserung titrimetrischer Methoden zur Bestimmung der Sauerstoffaufnahme (auf der Grundlage der Sauerstoffbestimmung nach Winkler)

2. *Begründung der Differentialzentrifugation*

1913 [Pflügers Arch. 154 (1913) 599–617]	Erste Trennung von Zellkomponenten vermittels der Zentrifugation

3. *Entwicklung der Manometrie*

1919,1922–1925 [BZ 100 (1919) 230–271; 142 (1923) 317–333; 152 (1924) 51–63; 164 (1925) 481–503; mit Negelein: ZpCh 102 (1922) 235–266]	Entwicklung der Warburgschen Differentialmanometer (auf der Grundlage des Differentialmanometers von E. Warburg, 1900, sowie des „Blutgasmanometers“ von Barcroft und Haldane, 1902/1908)
1948–1962 [Weiterentw. zellphysiol. Methoden, Stuttgart, New York 1962]	Weiterentwicklung und Vereinfachung der Warburg-Manometer durch – Einführung der geradlinigen Schüttelbewegung der Druckgefäße, – Ersatz älterer Peripheriegeräte durch Neuentwicklungen, – Einführung neuer Anhänger- und Wannen- sowie Universal- und Spezialgefäße

4. *Entwicklung der Spektrophotometrie*

4.1. *Entwicklung der photosynthetischen Absorptionsmessung*

1920–1922 [mit C. Müller: Sb Preuß. AdW, Jg. 1920, 733; mit Negelein: ZpCh 102 (1922) 235–266]	Verbesserung der bolometrischen, absoluten Strahlungsmessung durch – Vereinfachung der Eichung, – Einführung der Strahlenteilung mit Prismen und teildurchlässigen Spiegeln (auf der Grundlage des Bolometers von Lummer und Kurlbaum, 1892)
1927 [Gaffron: Ber. chem. Ges. 60 (1927) 755–766]	Eintwicklung eines neuen manometrischen Quanten-Aktinometers zur Bestimmung der relativen Strahlungsabsorption (auf der Grundlage der Entdekkung der Sensibilisierung von Photo-Oxidationen durch Farbstoffe, v. Tappeiner 1909, sowie der Erkenntnis der Bedeutung von Schwefelverbindungen für photochemische Prozesse, Sheppard 1925)
1949 [mit Schocken: Arch. Biochem. 21 (1949) 363–369]	Vereinfachung des Aktinometers
1954 [mit Krippahl: Z. Naturf. 9b (1954) 181–182]	Verdrängung des Aktinometers durch Verwendung einer Ulbrichtschen Kugel

4.2. *Begründung der elektronischen Spektralphotometrie zur Aufnahme fermentativer Wirkungsspektren*

1928/29 [mit Negelein: BZ 193 (1928) 339–346; 202 (1928) 202–228; 214 (1929) 64–100]	Entwicklung erster elektronischer spektralphotometrischer Verfahren mit Hilfe photoelektrischer Zellen und monochromatischer Lichtquellen
1935 [Haas: BZ 282 (1935) 224–229; v. Ardenne u. Haas: ZpCh 174 (1935) 115–121]	Verbesserung der spektrophotometrischen Versuchsanordnung durch – Einführung eines leistungsfähigen Wasserstoffrohres als Lichtquelle, – Einsatz hintereinandergeschalteter Monochromatoren,

	– Ersatz der Prismen und Linsen aus Quarz durch Flußspat, – eine wesentliche Erhöhung der Empfindlichkeit

5. *Entwicklung optischer Tests*

1935 [mit Christian u. Griese: BZ 282 (1935) 157–205]	Entdeckung der Absorptionsänderung der Pyridin-Nucleotide bei 340 nm durch Reduktion
1941 [mit Christian: BZ 310 (1941) 384–421]	Entdeckung der Absorptionsänderung bei 240 nm zur Charakterisierung der Enolbande von Phosphoenolpyruvat

6. *Verbesserung physiologischer Versuchsbedingungen und Einführung biologischer Standardobjekte*

1919 [BZ 100 (1919) 230–271)	Begründung der Methode der alternierenden Belichtung und Einführung der manometrischen Blitzlichtmethode
1919 [ebenda]	Einsatz von Bicarbonat-Carbonat-Puffern bei physiologischen Gaswechselstudien
1919 [ebenda]	Einführung der einzelligen Grünalge Chlorella pyrenoidosa als ideales Standardversuchsobjekt für quantitative Arbeiten
1954–1962 [mit Krippahl, Schröder, Buchholz u. Theel: Z. Naturf. 9b (1954) 164–165; mit Schröder u. Gattung: Z. Naturf. 11b (1956) 654–657; Weiterentw. zellphysiol. Methoden, Stuttgart, New York 1962]	Verbesserung der Anzucht- und Meßbedingungen für Chlorella durch – Zusatz von blaugrünem Licht bei der Messung (1954), – Hell-Dunkel-Wechsel bei der Anzucht unter künstlichem Licht (1956), – Beachtung der Abhängigkeit des Gaswechsels vom CO_2-Druck (1962)

7. *Einführung effektiver Versuchsobjekte für die Krebsforschung*

1923 [BZ 142 (1923) 317–333]	Entwicklung der Gewebeschnittmethodik, incl. ihrer theoretischen Grundlagen

ab 1952 [Weiterentw. zellphysiol. Methoden, Stuttgart, New York 1962]	Übergang vom Tumorgewebe zu Krebseinzelzellen (auf der Grundlage der Versuche von Lettré mit Tumorzellen, 1941, sowie der Arbeiten von G. Klein über die Physiologie und Morphologie der Krebszellen, 1951)

8. *Entwicklung von Mikroanalyse und Enzymtest in der klinischen Diagnostik*

1927 [BZ 187 (1927) 255–271; mit Krebs: BZ 190 (1927) 143–149]	Entwicklung einer Methode zur Bestimmung kleinster Mengen (bis 10^{-7} g) von Eisen und Kupfer
1942/43 [mit Christian: Natw. 30 (1942) 731–732; BZ 314 (1943) 399–408]	Enzymbestimmungen im Blutplasma

9. *Einführung einer Methodik zur Enzymkristallisierung*

1936–1944 [Wasserstoffübertragende Fermente, Berlin 1948]	Anwendung optischer Tests zur Kennzeichnung von Enzymen
1941 [mit Christian: BZ 310 (1941/42) 384–421]	Einsatz von Protamin zur Entfernung von Nucleinsäuren aus Proteinlösungen

II. Hauptentdeckungen und -forschungsgegenstände

(Jede einzelne Entdeckung führte im allgemeinen zu 5 bis 10 Publikationen.)

1. *Katalysatoren der Zellatmung*

1.1. *Entdeckung des „sauerstoffübertragenden, eisenhaltigen Atmungsfermentes" (Cytochrom-Oxidase oder Cytochrom a_3)*

1908 [Hoppe-Seylers Z. 57 (1908) 1–16]	Entdeckung der Atmungssteigerung des Seeigel-Eies nach Befruchtung
1910/11 [Hoppe-Seylers Z. 66 (1910) 305–340; Med. Wschr. 58 (1911) 289–293; 59 (1912) 2550–2553]	Entdeckung der Strukturgebundenheit der Zellatmung im Gegensatz zu glykolytischen Systemen
1910–1914 [BZ 29 (1910) 414; Pflügers Arch. 158 (1914) 19–28]	Beschreibung der Wirkung von Zellgiften und atmungshemmender Narkotika (Alkohole, Nitrile, Urethane u. a.) in Abhängigkeit von ihrer Oberflächenaktivität

1912 [Hoppe-Seylers Z. 76 (1912) 331–346]	Entdeckung der Mitwirkung von Schwermetallkatalysatoren an der Zellatmung (Blausäurewirkung in lebenden Zellen)
1913/14 [Pflügers Arch. 154 (1913) 599–617; 158 (1914) 189–208]	Entdeckung des Zusammenhanges der Atmungsvorgänge mit speziellen „Zellgrana" (Mitochondrien)
1914 [Hoppe-Seylers Z. 92 (1914) 231–256]	Nachweis von Eisen als biologisch wirksames Schwermetall, Aufstellung der Theorie einer Eisenkatalyse der Sauerstoffatmung
1924 [BZ 152 (1924) 479–494]	Erster Hinweis auf Eisen als unmittelbarer, sauerstoffübertragender Bestandteil des „Atmungsfermentes"
1926/27 [BZ 177 (1926) 471–486; 189 (1927) 354–380]	Entdeckung der atmungshemmenden Wirkung von CO und der Abhängigkeit der CO-Hemmung vom Sauerstoffdruck und von der Belichtung
1928 [mit Negelein: BZ 193 (1928) 339–346; 214 (1929) 64–100]	Aufnahme des Wirkungsspektrums des „Atmungsfermentes"
1929 [BZ 214 (1929) 1–3]	Nachweis eines Eisenporphyrins als Wirkgruppe des „Atmungsfermentes" und des Wertigkeitswechsels von Eisen als Wirkprinzip
1932 [Kubowitz u. Haas: BZ 255 (1932) 247–277]	Aufnahme des gesamten Absorptionsspektrums des „Atmungsfermentes"
1933 [mit Negelein u. Haas: BZ 266 (1933) 1–8]	Beschreibung der Zellatmung als vielfache Eisenkatalyse durch Valenzwechsel in einer Kette hintereinandergeschalteter Eisenverbindungen
1945 [Natw. 33 (1946) 94]	Bestimmung des Molukulargewichtes des „Atmungsfermentes"
1951 [mit Gewitz: Hoppe-Seylers Z. 288 (1951) 1–4]	Kristallisation des Hämins des „Atmungsfermentes"

1.2. *Entdeckung der „gelben Fermente" (Flavoproteine)*

1930 [mit Kubowitz u. Christian: BZ 227 (1930) 245–271]	Untersuchung von Oxidationsreaktionen mit Methylenblau an cytolysierten Erythrozyten durch Zugabe von Glucose-6-Phosphat

1932 [mit Christian: BZ 254 (1932) 438–458]	Entdeckung des ersten „gelben Fermentes" mit „Alloxazin-Nukleotid" (Flavinmononucleotid) als prosthetische Gruppe
1932 [mit Christian: Natw. 20 (1932) 980–981]	Erste Kristallisation eines Flavins (Luminoflavin)
1938 [mit Christian: BZ 295 (1938) 261; mit Christian u. Griese: BZ 297 (1938) 417; Haas: BZ 298 (1938) 378–390]	Entdeckung und Isolierung des „Alloxazin-Adenin-Dinukleotids" (Flavin-adenin-dinucleotid) als prosthetische Gruppe wasserstoffübertragender Enzyme

1.3. *Entdeckung der Pyridin-Nucleotide*

1934 [mit Christian: BZ 274 (1934) 112–116; 275 (1935) 112–113]	Nachweis eines reinen Erythrozyten-Coenzyms mit einer Pentose, Adenin, Phosphat und einer noch unbekannten Substanz als Strukturkomponenten
1935 [mit Christian: BZ 275 (1935) 464]	Identifizierung des Nicotinsäureamids als katalytisch aktive Gruppe des wasserstoffübertragenden Coenzyms mit drei Phosphatresten (TPN, später NADP)
1936 [mit Christian: Ber. chem. Ges. 69 (1936) 228; BZ 286 (1936) 142; 287 (1936) 291–328]	Entdeckung eines zweiten wasserstoffübertragenden Coenzyms mit nur zwei Phosphatresten (DPN, später NAD)

1.4. *Entdeckung der Kupferproteine*

1937/38 [Kubowitz: BZ 296 (1938) 443]	Entdeckung von Kupfer als sauerstoffübertragenden Bestandteil der Phenoloxidase und seiner Wirkungsweise durch Valenzwechsel

2. *Grundlegende Arbeiten zum Gewebestoffwechsel*

1926 [BZ 172 (1926) 432–441]	Nachweis einer spezifischen Hemmung der Interaktionen zwischen Atmung und Gärung durch Äthylcarbylamin
1926/27 [BZ 184 (1927) 484–488]	Klassifikation der Gewebe nach ihrem Stoffwechsel (Einführung der Termini „Meyerhof-Quotient" und „Pasteur-Effekt")

1926–1929 [Ü. d. Stoffw. d. Tumoren, Berlin 1926; BZ 184 (1927) 484–488; Krebs: BZ 189 (1927) 57–59; Tamiya: BZ 189 (1927) 175–179; mit Kubowitz: BZ 189 (1927) 242–248; Wind u. v. Oettingen: BZ 197 (1928) 170–174; Fujita: BZ 197 (1928) 175–188; Kubowitz: BZ 204 (1929) 475–478; Nakashima: BZ 204 (1929) 479–481]	Bestimmung von Sauerstoffatmung und Lactatbildung sowie Ermittlung des Energieumsatzes in fast allen tierischen Hauptgeweben, Entdeckung des allgemeinen Vorkommens der anaeroben Lactatbildung in tierischen Geweben

3. *Begründung stoffwechselphysiologischer Untersuchungen von Tumoren*

1923 [BZ 142 (1923) 317–333; mit Posener u. Negelein: BZ 152 (1924) 309–344]	Entdeckung der aeroben Glykolyse der Krebszellen
1955/56 [Natw. 42 (1955) 401–406; mit Gawehn u. Geissler: Z. Naturf. 11 b (1956) 657–662]	Nachweis der Umwandlung embryonaler Zellen in Krebszellen bei niedrigem Sauerstoffdruck, in Anlehnung an Goldblatt und Cameron, 1953
1958 [mit Gawehn, Geissler, Schröder, Gewitz u. Völker: Arch. Biochem. Biophys. 78 (1958) 573–586]	Nachweis eines geringeren Katalasegehaltes von Krebszellen im Vergleich zu gesunden Zellen und daraus abgeleiteter Vorschlag einer Krebstherapie
1956–1966 [Science 123 (1956) 309–314; Ü. d. letzte Ursache u. d. entfernten Ursachen d. Krebses, Würzburg 1966]	Hypothesen über die „allgemeine und letzte Ursache" des Krebses
1958–1963 [mit Schröder, Gewitz u. Völker: Z. Naturf. 13 b (1958) 591–596; mit Gawehn, Geissler u. Lorenz: Z. Naturf. 18 b (1963) 654–656]	Arbeiten über die Wirkung von Röntgenstrahlen auf Krebszellen
1963–1970 [mit Gawehn, Geissler u. Lorenz: Z. klin. Chem. 1 (1963) 175–177; mit Geissler u. Lorenz: Z. klin. Chem. 6 (1968) 467–468; Z. Naturf. 25 b (1970) 332–333]	Krebstherapeutische Arbeiten auf der Grundlage der Wirkung von Glycerinaldehyd, Riboflavin, Luminoflavin und Thiamin (Vitamin B_1) auf Krebszellen

4. *Glykolyse und alkoholische Gärung*

4.1. *Isolierung und Kristallisation von insgesamt acht glykolytischen bzw. Gärungsenzymen*

1937 [Negelein u. Wulff: BZ 289 (1937) 436–437]	Alkohol-Dehydrogenase
1939 [mit Christian: BZ 301 (1939) 221–222]	Glycerin-1-phosphat-Dehydrogenase
1939 [mit Christian: BZ 303 (1939/40) 40–68]	Glycerinaldehydphosphat-Dehydrogenase
1941 [mit Christian: Natw. 29 (1941) 589–592; BZ 310 (1941/42) 384–421]	Enolase
1941/42 [mit Christian: BZ 311 (1941/42) 209–210; Natw. 30 (1942) 731–732]	Aldolase/Zymohexase (aus Hefe- und Muskelzellen)
1942 [Bücher: Natw. 30 (1942) 756–757]	Phosphoglycerat-Kinase
1942 [Kubowitz u. Ott: BZ 314 (1943) 94–117]	Lactat-Dehydrogenase
1944 [Kubowitz u. Ott: BZ 317 (1944) 193–203]	Pyruvat-Kinase (aus menschlichen und Rattenmuskelzellen)

4.2. *Reinigung weiterer Glykolyse- bzw. Gärungsenzyme*

bis 1945 [Wasserstoffübertragende Fermente, Berlin 1948]	Glucose-6-phosphat-Dehydrogenase und Phosphofructokinase

4.3. *Entdeckung wichtiger Teilschritte von Glykolyse und alkoholischer Gärung*

1936 [mit Christian: Helv. Chim. Acta 19E (1936) 79–88]	Entdeckung des Mechanismus der Alkoholbildung in der Natur: Acetaldehyd + Dihydro-Nicotinsäureamid → Äthylalkohol + Nicotinsäureamid
1939 [Negelein u. Brömel: BZ 301 (1939) 135–136; 303, (1939/40) 132–144]	Entdeckung eines neuen Gärungszwischenproduktes, der 1,3-Diphosphoglycerinsäure (Strychninsalz), im Ergebnis der Reindarstellung der Glycerinaldehydphosphat-Dehydrogenase

1939 [mit Christian: BZ 303 (1939/40) 40–68]	Aufklärung des Mechanismus der Oxidationsreaktion der Gärung: Glycerinaldehyd-di-phosphat + Nicotinsäureamid → Phosphoglycerin-Acyl-Phosphat + Dihydro-Nicotinsäureamid

4.4. *Nachweis und Aufklärung spezifischer Enzymbemmungen*

1941 [mit Christian: BZ 310 (1941/42) 384–421]	Aufklärung der spezifischen Fluoridhemmung der Enolase
1941 [mit Christian: BZ 311 (1941/42) 209–210]	Aufklärung der Zinkionenhemmung der Aldolase

4.5. *Erkenntnis der Bedeutung glykolytischer Enzyme für die Kennzeichnung pathologischer Zustände*

1943 [mit Christian: BZ 314 (1943) 399–408]	Nachweis von fünf Glykolyse-Enzymen im Normalserum des Blutes sowie des verstärkten Auftretens von Zymohexase und Isomerase im Tumorserum

5. *Entdeckung der Initialphase des Pentosephosphat-Cyclus*

1935 [mit Christian u. Griese: BZ 282 (1935) 157–205]	Entdeckung der Bildung von Phosphogluconsäure aus Glucose-6-phosphat, des ersten Schrittes im Pentosephosphat-Cyclus

6. *Photosynthese*

6.1. *Ermittlung des Quantenbedarfs (der Quantenausbeute) und „Nutzeffektes" der Photosynthese*

1919 [BZ 100 (1919) 230–271]	Nachweis der Abhängigkeit der Ausbeute der photochemischen Reaktion von der Periodendauer bei intermittierender Belichtung
1920 [mit C. Müller: Sb Preuß. AdW, Jg. 1920, 733]	Erste Messungen zum Wirkungsspektrum der Photosynthese, Untersuchung des Einflusses von Licht verschiedener Wellenlänge auf die Photosyntheserate (blau : grün : gelb : rot ≙ 5,9 : 7,9 : 14,1 : 6,0 % Nutzeffekt)
1922 [mit Negelein: ZpCh 102 (1922) 235–266]	Ermittlung eines Quantenbedarfs von vier Quanten pro freigesetztes Sauerstoffmolekül

1923 [mit Negelein: ZpCh 106 (1923) 191–218]	Weiterführende Arbeiten zum „Energieumsatz" bei der CO_2-Assimilation in Abhängigkeit von der Lichtqualität (436 : 546 : 578 : 660 nm ≙ 33,8 : 44,4 : 53,5 : 59 % Ausbeute)
1950 [mit Burk: Natw. 37 (1950) 560; Z. Naturf. 6b (1951) 12–22]	Begründung der Hypothese über "Ein-Quanten-Lichtreaktion und Energie-Kreisprozeß" der Photosynthese

6.2. *Arbeiten zum „Photolyten" der Photosynthese*

1943 [mit Lüttgens: Natw. 32 (1944) 161]	Entdeckung der im Vergleich zu Ferri-Eisen höheren Wirksamkeit von Chinon als Wasserstoffakzeptor der photosynthetischen Primärreaktion
1946 [mit Lüttgens: Biochimija 11 (1946) 303–323]	Nachweis von Chlorid als essentiellem Cofaktor der Hillreaktion
1954–1959 [mit Krippahl, Schröder u. Buchholz: Z. Naturf. 9b (1954) 769–778; mit Kayser: Z. Naturf. 14b (1959) 563–566]	Untersuchung der Wirkung von Hemmstoffen (Cyanid, CO und verschiedener Narkotika) auf die Licht- und Dunkelreaktion der Photosynthese
1957 [mit Klotzsch u. Krippahl: Natw. 44 (1957) 235]	Entdeckung einer katalytischen Wirkung von Glutaminsäure bei der CO_2-Assimilation
1960 [mit Krippahl: Z. Naturf. 15b (1960) 367–369]	Nachweis der katalytischen Beschleunigung der Hillreaktion durch kleine CO_2-Mengen
1960 [mit Krippahl: Z. Naturf. 15b (1960) 788–794]	Erarbeitung einer Hypothese zur „Photolyse von CO_2" durch Zusammenwirken von CO_2, Glutaminsäure und Chlorophyll

6.3. *Wesentlicher Beitrag zur Entdeckung des Elektronenüberträgers Ferredoxin*

1933/34 [Kempner u. Kubowitz: BZ 265 (1933) 245–252; Kubowitz: BZ 274 (1934) 285–298]	Entdeckung der reversiblen Hemmung der Buttersäuregärung duch CO und der hemmungsaufhebenden Lichtwirkung, Ermittlung des Wirkungsspektrums eines Nicht-Häm-Eisen-Proteins
1963 [Gewitz u. Völker: Z. Naturf. 18b (1963) 649–653]	Nachweis eines „roten Fermentes" (Ferredoxin)

1920 [mit Negelein: BZ 110 (1920) 66–115]	Nachweis einer Sauerstofffreisetzung belichteteter, nitratenthaltender Algensuspensionen in Abwesenheit von CO_2, Begründung einer Hypothese über das indirekte Zusammenwirken von Nitratreduktion (unter CO_2-Abgabe) und nachfolgender photosynthetischer CO_2-Reduktion
1948 [Schwermetalle als Wirkungsgr. v. Fermenten, 2. Aufl., Berlin 1948]	Verweis auf eine direkte Lichtwirkung bei der Nitratreduktion ohne Mitwirkung von CO_2

Letzte Arbeiten Warburgs

Biologische Manometrie. In: Methoden der enzymatischen Analyse, 3 Bde. Hrsg. Bergmeyer, H. U. .2. Aufl., Bd. I, Weinheim 1970, 208–214.
(mit Birkicht, Krippahl u. Phalke) Changes of the chlorophyll spectrum in living Chlorella, if the photolyte is split by light. FEBS-Lett. 8 (1970) 247–248.
(mit Geissler u. Lorenz) Über die Erzeugung von normalem Stoffwechsel aus Krebsstoffwechsel durch Zusatz von Vitamin B_1. Z. Naturf. 25b (1970) 559.

Zeitschriftenabkürzungen

Arch. Biochem. – Archives of Biochemistry
Arch. Biochem. Biophys. – Archive of Biochemistry and Biophysics
Ber. chem. Ges. – Berichte der Deutschen Chemischen Gesellschaft
BZ – Biochemische Zeitschrift
Helv. Chim. Acta – Helvetica Chimica Acta
Hoppe-Seylers Z. – Hoppe-Seylers Zeitschrift für physiologische Chemie
Med. Wschr. – Münchener Medizinische Wochenschrift
Natw. – Naturwissenschaften
Pflügers Arch. – Pflügers Archiv für die gesamte Physiologie des Menschen und der Tiere
Sb Preuß. AdW – Sitzungsberichte der Preußischen Akademie der Wissenschaften zu Berlin
Z. klin. Chem. – Zeitschrift für klinische Chemie
Z. Naturf. – Zeitschrift für Naturforschung
ZpCh – Zeitschrift für physikalische Chemie

Chronologie[1]

1883 8. Oktober: Otto Heinrich Warburg als zweites Kind von Elisabeth, geb. Gaertner, und Emil Warburg in Freiburg i. Br. geboren.
1890 Aufnahme in eine Freiburger Privatschule.
1893 Eintritt in das humanistische Berthold-Gymnasium Freiburg.
1895 Übersiedlung der Familie nach Berlin.
Aufnahme in das humanistische Friedrichs-Werdersche Gymnasium zu Berlin.
1901 27. September: Reifeprüfung und Abschluß des Gymnasiums.
Oktober: Immatrikulation an der Universität Freiburg i. Br. zum Studium der Naturwissenschaften, insbesondere Chemie (1.–3. Semester).
1903 Ostern: Wechsel an die Universität Berlin zur Fortführung des Chemiestudiums (4.–8. Semester).
1905 Oktober: Aufnahme des Medizinstudiums an der Universität Berlin (1. Semester).
1906 17. März: Promotion zum Dr. phil.
April: Fortsetzung des Studiums der Medizin an der Universität München (2. und 3. Semester).
1907 Oktober: Wechsel an die Medizinische Fakultät der Universität Heidelberg (4. Semester).
Bekanntschaft mit Curt Herbst.
1908 2. April bis 2. Juli: 1. Studienaufenthalt an der Physiologisch-chemischen Abteilung der Zoologischen Station in Neapel.
Oktober: Erneute Immatrikulation an der Universität Heidelberg zur Weiterführung des Medizinstudiums (5. und 6. Semester).
1909 8. März bis 27. April: 2. Arbeitsaufenthalt in Neapel.
Sommersemester: „Assistent am Laboratorium" der Medizinischen Klinik der Heidelberger Universität.
3. Oktober bis 21. April 1910: 3. Arbeitsaufenthalt in Neapel.
1910 April: Wissenschaftlicher Assistent an der Medizinischen Klinik in Heidelberg (bis 1913).
Oktober: Letztmalige Immatrikulation in Heidelberg zum Abschluß des Medizinstudiums (7. und 8. Semester).
Begegnung und unmittelbare Zusammenarbeit mit Otto Meyerhof (bis 1912).
1911 7. August: Promotion zum Dr. med.
1912 Herbst: Habilitation an der Medizinischen Fakultät der Universität Heidelberg.
Privatdozent für das Fach Physiologie.

---

[1] Stationen seines Lebens. Die Zeitpunkte der bedeutendsten wissenschaftlichen Leistungen Warburgs sind der vorangestellten Übersicht zu entnehmen.

1913 3. Februar bis 17. Mai: 4. Neapel-Aufenthalt.
Juni: Angebot einer Berufung zum „Mitarbeiter“ durch die Kaiser-Wilhelm-Gesellschaft zur Förderung der Wissenschaften (KWG) für das Jahr 1914.

1914 6. Januar bis 8. Mai: 5. und letzter Arbeitsaufenthalt in Neapel.
1. April: Amtsantritt im Kaiser-Wilhelm-Institut (KWI) für Biologie in Berlin-Dahlem als „wissenschaftliches Mitglied“ und Leiter der Abteilung „Physiologie“.
Juli: Privatdozent für physikalische Chemie und Biologie an der Universität Berlin.
August: Freiwilligenmeldung zum Kriegsdienst beim 2. Garde-Ulanen-Regiment in Potsdam.

1916 22. Dezember: Ernennung zum Titularprofessor der KWG.

1918 August: Vorzeitige Rückkehr von der Ostfront.
1. Oktober: Beginn der Arbeit am KWI für Biologie.

1919 Verlängerung der Anstellung in der KWG um weitere fünf Jahre.

1921 31. August: Berufung zum nichtbeamteten außerordentlichen Professor für Physiologie an die Medizinische Fakultät der Universität Berlin.
Anstellung im KWI für Biologie „auf Lebenszeit“.

1923 August: Ausscheiden aus dem Lehrkörper der Berliner Universität.

1924 1. Vortragsreise in die USA.

1929 Oktober: „Herter-Vorlesung“ in Baltimore/USA, Angebot der Rokkefeller-Stiftung zur pauschalen Förderung seiner Forschungen.

1930 April: Bereitstellung finanzieller Mittel durch die Rockefeller-Stiftung für die Errichtung eines zellphysiologischen KWG-Instituts in Berlin-Dahlem.
Juni: Ausscheiden aus dem KWI für Biologie und Ernennung zum Direktor des entstehenden KWI für Zellphysiologie.

1931 April: Eröffnung des neuen Instituts (Aufnahme der Arbeiten zum Jahresende).

1938 Maßregelung durch den faschistischen Staat und Auftakt einer Reihe von Repressalien in den Folgejahren.

1941 Juni/Juli: Kurzzeitige Amtsenthebung und Kündigung durch die KWG, die nach Einspruch in der Reichskanzlei wieder ausgesetzt und hinfällig wird.

1942 Jahresende: Berufung zum Mitglied des Reichsausschusses für Krebsbekämpfung.

1943 Herbst: Evakuierung des KWI für Zellphysiologie nach Liebenberg in der Uckermark.

1945 Mai: Einstellung der experimentellen Arbeiten.
August: Besetzung des Dahlemer Institutsgebäudes durch die USA-Streitkräfte und Nutzung als Stadtkommandantur (bis 1948).
Berufung in den Aufsichtsrat der Schering AG Berlin (bis 1966).

1948 Beginn der Wiedereinrichtung des Dahlemer Instituts.
Juni: Antritt eines 14monatigen Vortrags- und Arbeitsaufenthaltes in den USA.

1950 8. Mai: Wiedereröffnung des „Kaiserwilhelminstitutes für Zellphysiologie“ in Berlin-Dahlem.

1953 Juli: Eingliederung des Instituts in die 1948 als KWG-Nachfolgeorganisation gegründete Max-Planck-Gesellschaft zur Förderung der Wissenschaften.

1967 Zeitweilige Übernahme der Institutsleitung durch Birgit Vennesland.

1970 1. August: Warburg stirbt im 87. Lebensjahr in Berlin (West).

Wissenschaftliche Auszeichnungen und Ehrungen (Auswahl)

1925 Adolf-von-Baeyer-Gedenkmünze des Vereins Deutscher Chemiker.
1927 Nordhoff-Jung-Preis für herausragende Arbeiten auf dem Gebiet der Krebsforschung.
1931 Nobelpreis für Physiologie oder Medizin.
1934 Auswärtiges Mitglied der Royal Society London.
1946 Mitglied der Deutschen Akademie der Wissenschaften zu Berlin, seit 1972 AdW der DDR.
1952 Orden Pour le Mérite für Wissenschaften und Künste der BRD (gemeinsam mit Gerhard Domagk, Otto Hahn, Max von Laue u. a.).
1953 Senator der Max-Planck-Gesellschaft zur Förderung der Wissenschaften (BRD).
Dr. h. c. agr. der Technischen Universtität Berlin (West).
1956 Ehrenmitglied der Deutschen Akademie der Naturforscher Leopoldina, Halle/Saale (gemeinsam mit Otto Hahn).
1957 Ehrenmitglied der Gesellschaft Deutscher Chemiker.
1958 Dr. h. c. med. der Universität Heidelberg.
1962 Ludwig-Darmstaedter- und Paul-Ehrlich-Preis, Frankfurt/Main.
1963 Harnack-Medaille der Max-Planck-Gesellschaft,
Stiftung der Otto-Warburg-Medaille durch die Gesellschaft für Physiologische Chemie der BRD.
1965 Dr. h. c. rer. nat. der Universität Oxford.

Ferner: Mitglied der Accademia Nazionale dei Lincei Rom,
Mitglied der Kongelige Danske Videnskabernes Selskab (der Königlichen Dänischen AdW) Kopenhagen,
Mitglied der Société Philomatique de Paris,
Korrespondierendes Mitglied der Gesellschaft der Ärzte Wien.

Literatur

A. Arbeiten von Otto Warburg

Vollständige Übersicht über die Monographien und eigenständigen Veröffentlichungen

[A 1] Über Derivate des Glycocolls, Alanins und Leucins. Über die l-Brompropionsäure und das l-Alanylglycin. Phil. Diss., Berlin 1906.
[A 2] Über die Oxydationen in lebenden Zellen nach Versuchen am Seeigelei. Med. Diss., Heidelberg 1911.
[A 3] Über die energieliefernden Reaktionen in lebenden Zellen. Med. Habil., München 1912.
[A 4] Über die Wirkung der Struktur auf chemische Vorgänge in Zellen. Probevorlesung vom 6. 12. 1912, Heidelberg, Jena 1913.
[A 5] Über die Rolle des Eisens in der Atmung des Seeigeleis nebst Bemerkungen über einige durch Eisen beschleunigte Oxydationen. Heidelberg 1914.
[A 6] Über den Stoffwechsel der Tumoren. Berlin 1926. – The Metabolism of Tumors (engl. Ausg.). London 1930.
[A 7] Über die katalytischen Wirkungen der lebendigen Substanz. Berlin 1928.
[A 8] Schwermetalle als Wirkungsgruppen von Fermenten. Berlin 1946. – 2. Aufl., Berlin 1948; auch Freiburg i. Br., Aulendorf/Württ. 1949. – Heavy Metal Prosthetic Groups and Enzyme Action (engl. Ausg.). London 1949.
[A 9] Ideen zur Fermentchemie der Tumoren. Berlin 1947.
[A 10] Wasserstoffübertragende Fermente. Berlin 1948; auch Freiburg i. Br., Aulendorf/Württ. 1949.
[A 11] Weiterentwicklung der zellphysiologischen Methoden. Angewandt auf Krebs, Photosynthese und Wirkungsweise der Röntgenstrahlen. Stuttgart u. New York 1962.
[A 12] Über die letzte Ursache und die entfernten Ursachen des Krebses. Würzburg 1966.

Zeitschriftenbeiträge und Aufsätze (Auswahl)

[A 13] Beobachtungen über die Oxydationsprozesse am Seeigelei. Hoppe-Seylers Z. physiol. Chem. 57 (1908) 1–16.
[A 14] Untersuchungen über die Oxydationsprozesse in Zellen. Münch. Med. Wschr. 58 (1911) 289–293.
[A 15] Zellstruktur und Oxydationsgeschwindigkeit nach Versuchen am Seeigelei. Pflügers Arch. ges. Physiol. 158 (1914) 189–208.

[A 16] Über die Rolle des Eisens in der Atmung des Seeigeleis nebst Bemerkungen über einige durch Eisen beschleunigte Oxydationen. Hoppe-Seylers Z. physiol. Chem. 92 (1914) 231–256.
[A 17] Notizen zur Entwicklungsphysiologie des Seeigeleies. Pflügers Arch. ges. Physiol. 160 (1915) 324–332.
[A 18] Versuche an überlebendem Carcinomgewebe (Methoden). Biochem. Z. 142 (1923) 317–333.
[A 19] Über den heutigen Stand des Carzinomproblems. Naturwissenschaften 15 (1927) 1–4.
[A 20] The oxygen-transferring ferment of respiration, Nobel Lecture 10. 12. 1931. Nobel Lectures, Physiology or Medicine Vol. 2, 1922–1941. Amsterdam, London, New York 1965, 254–268.
[A 21] (mit D. Burk) The maximum efficiency of photosynthesis. Arch. Biochem. Biophys. 25 (1950) 410–443.
[A 22] Über die Wirkungsgruppen der oxydierenden und reduzierenden Fermente. Naturwissenschaften 40 (1953) 493–496.
[A 23] (mit G. Krippahl, W. Schröder u. W. Buchholz) Messung des Quantenbedarfs der Photosynthese für sehr dünne Zellsuspensionen. Biochim. Biophys. Acta 12 (1953) 356–359.
[A 24] On the origin of cancer cells. Science 123 (1956) 309– 314.
[A 25] Max-Planck-Institut für Zellphysiologie in Berlin-Dahlem. Jb. der Max-Planck-Gesellsch. 1961, Teil 2, 816–821.
[A 26] Prefatory chapter. Ann. Rev. Biochem. 33 (1964) 1–14.
[A 27] Gerhard Domagk (Nekrolog). Dt. med. Wschr. 90 (1965) 1484–1486.
[A 28] Paul Ehrlich, 1854–1915. Die großen Deutschen, Dt. Biographie Bd. 4 (1966) 186–192.

B. Biographische Schriften und Würdigungen Otto Warburgs (Auswahl)

Ungedruckte Quellen

[B 1] Univ.-Archiv der Humboldt-Univ. Berlin, Personalakte Prof. Dr. Otto H. Warburg, UK Personalia W 47.
[B 2] Univ.-Archiv der Humboldt-Univ. Berlin, Promotionen Phil. Fak., Acta Nr. 411, Bl. 203–231.
[B 3] Dohrn-Archives, Stazione Zoologica di Napoli, no. elenco gen. 1824, 1965, 2296, 2388.
[B 4] Zentrales Staatsarchiv der DDR, Dienststelle Merseburg. Rep. 76 Vc, Sekt. 2, Tit. 23, Litt. A, Nr. 112, Bd. 1: Das KWI für Biologie 1912–1918. Bd. 2: Das KWI für Biologie 1918–1933. Bd. 3: Das KWI für Biologie 1933–1934.
[B 5] Zentralarchiv der AdW der DDR, Bestand Akad.-Ltg., Personalia Otto Heinrich Warburg, Nr. 481.
[B 6] Archiv für Geschichte der Naturforschung und Medizin. Dt. Akad. der Naturforscher Leopoldina Halle/S., Matrikel-Nr. 4891.

[B 7] Anonym: Warburg (Familie). Jüdisches Lexikon Bd. IV/2 (S–Z). Berlin 1930, 1326–1331.
[B 7a] Anonym (K. R.): Otto Warburg. Frankf. Allg. Ztg. Nr. 233 v. 8.10.1963, 2.
[B 8] Ardenne, M. v.: Forschen an den großen ungelösten Problemen unserer Zeit. In: Ein glückliches Leben für Technik und Forschung, Berlin 1976, 275–355.
[B 9] Ardenne, M. v.: Persönliche Erinnerungen an Otto Warburg. NTM-Schriftenr. Gesch. Naturwiss. Techn. Med. 23 (1986) 61–77.
[B 10] Benesch, R.: From the murky past. Three episodes about Otto Warburg. Trends in biochem. sciences 3 (1978) No. 3, N 62.
[B 11] Boveri, M.: Der Unabhängige. Erinnerung an Otto Warburg. Frankf. Allg. Ztg. v. 4. 8. 1970, 20.
[B 12] Bücher, Th.: Über Otto Warburg in der Erinnerung. Deutschsprachiges Manuskript für [B 13].
[B 13] Bücher, Th.: Otto Warburg – A personal recollection. In: Biological Oxidations, Hrsg. H. Sund u. V. Ullrich, Berlin, Heidelberg, New York, Tokyo 1983, 1–29.
[B 14] Burk, D.: Otto Warburg, artisan of cell chemistry. Biochim. Biophys. Acta 12 (1953) 9–14.
[B 15] Burk, D.: Otto Heinrich Warburg. Dictionary of scientific biography 14 (1976) 172–177.
[B 16] Butenandt, A.: Gedenkwort für Otto Warburg. In: Orden pour le mérite 10 (1970/71) 155–163.
[B 17] Chargaff, E.: Late evening in Berlin. Trends in biochem. sciences 1 (1976) No. 8, N 171–N 172.
[B 18] Cori, C. F.: 50 years ago. Warburg and the respiratory enzyme. Trends in biochem. sciences 1 (1976) No. 5, 117.
[B 19] Festschrift anläßlich der Verleihung des Ludwig-Darmstaedter- und Paul-Ehrlich-Preises 1962 an Otto Warburg. Stuttgart 1962.
[B 20] Fuchs, J.: Erinnerungen an Otto Heinrich Warburg. Z. f. Blut- und Geschwulstkrankh. 3 (1971) 1–3.
[B 21] Hausen, J.: Ausweitung des Nahrungsspielraumes für kommende Millionen. Forschung erweitert irdische Lebensbasis: die Arbeiten des Nobelpreisträgers Otto Heinrich Warburg. Humanismus u. Technik 2 (1954) 124–139.
[B 22] Hausen, J.: Otto Heinrich Warburg – Ein „Künstler“ der Zellphysiologie. In: Forscher und Wissenschaftler im heuigen Europa. Erforscher des Lebens: Mediziner, Biologen, Anthropologen, Hrsg. H. Schwerte u. W. Spengler, Oldenburg, Hamburg 1955, 127–134.
[B 23] Henning, E.: Otto Heinrich Warburg. In: Berlinische Lebensbilder I. Naturwissenschaftler, Hrsg. W. Treue u. G. Hildebrandt, Berlin (West) 1987, 299–315.
[B 24] Herrlinger, R.: Otto Heinrich Warburg. In: Die Nobelpreisträger der Medizin, München 1963, 57.
[B 25] Höxtermann, E.: Ein Halbjahrhundert Fortschritte der Zellphysio-

logie, Biochemie und Photobiologie – Otto Heinrich Warburg (1883–1970). NTM-Schriftenr Gesch. Naturwiss. Techn. Med. 20 (1983) 1–24.

[B 26] Höxtermann, E.: „Es gibt kein ‚Quantenrätsel' der Photosynthese!" – Zum 100. Geburtstag von Otto Warburg. Wiss. u. Fortschr. 33 (1983) 331–333.

[B 27] Höxtermann, E.: Otto Heinrich Warburg (1883–1970) – Ein „Architekt" der Naturwissenschaften. Beitr. z. Gesch. d. Humboldt-Univ. Berlin 9 (1984).

[B 28] Hoffmann, P., u. E. Höxtermann: Gespräch mit Professor Manfred von Ardenne über Leben und Wirken des Nobelpreisträgers Professor Otto Warburg. Beitr. z. Gesch. d. Humboldt-Univ. Berlin 9 (1984) 61–67.

[B 29] Hofmann, E.: Enzyme – die Katalysatoren der lebendigen Substanz. Sb. AdW d. DDR 3 N (1985) 25–40.

[B 30] Jaenicke, L.: Buchbesprechung (Krebs, H., Gr. Naturforscher 41, Stuttgart 1979). Naturwiss. Rdsch. 32 (1979) 387.

[B 31] Jaenicke, L.: Der Forscher und die Neugier. Aus der Dankadresse zur Verleihung der Otto-Warburg-Medaille. Naturwiss. Rdsch. 33 (1980) 413–417.

[B 32] Jokl, E.: Otto Warburg 1883–1970. A personal appreciation. Transactions and studies of the college of physicians of Philadelphia F. 5,5 (1883) 67–75.

[B 33] Jokl, E.: König der Biochemiker. MPG Spiegel 6 (1983) 20–22.

[B 34] Kalckar, H. M.: 50 years ago. Warburg and the 'Pasteur reaction'. Trends in biochem. sciences 1 (1976) No. 7, 164.

[B 35] Kaudewitz, F.: Otto Warburg. In: Via triumphalis. Nobelpreisträger im Kampf gegen den Tod, Hrsg. R. Erckmann, München, Wien 1954, 188–211.

[B 36] Kohler, R. E.: The background to Otto Warburg's conception of the Atmungsferment. J. of the hist. for biol. 6 (1973) 171–192.

[B 37] Krebs, H.: Der Werdegang eines Wissenschaftlers. Naturwiss. Rdsch. 21 (1968) 231–236.

[B 38] Krebs, H.: Professor Otto Warburg (Nachruf). Naturwiss. Rdsch. 24 (1971) 1–4.

[B 39] Krebs, H.: Otto Warburg – Biochemiker, Zellphysiologe, Mediziner. Jb. d. Max-Planck-Gesellsch. 1978, 79–96.

[B 40] Krebs, H.: Otto Warburg – Biochemiker, Zellphysiologe, Mediziner. Naturwiss. Rdsch. 31 (1978) 349–356.

[B 41] Krebs, H.: 50 years ago. Warburg's 'Atmungsferment'. Trends in biochem. sciences 4 (1979) No. 11, 263–264.

[B 42] Krebs, H., u. Mitarb. v. R. Schmid: Otto Warburg – Zellphysiologe, Biochemiker, Mediziner. Gr. Naturforscher Bd. 41. Hrsg. H. Degen. Stuttgart 1979; englische Ausg. Oxford 1981. Mit einer noch unvollständigen Bibliograhie von Warburgs Veröffentlichungen.

[B 43] Langen, P.: Stoffwechsel der Tumoren. Sb. d. AdW d. DDR 3 N (1985) 15–24.

[B 44] Läsker, L.: Erkenntnistheoretische Probleme der modernen Zell-

physiologie. Otto Warburg zu seinem 80. Geburtstag am 8. Oktober 1963. Dt. Z. f. Philos. 11 (1963) 1389–1400.
[B 45] Lynen, F.: Otto Warburg zum achtzigsten Geburtstag. Naturwissenschaften 50 (1963) 630–631.
[B 46] Nachmansohn, D.: Otto Heinrich Warburg (1883–1970). In: German-Jewish Pioneers in Science 1900–1933, Berlin, Heidelberg, New York 1979, 233–267.
[B 47] Nobel Foundation: Presentation Speech by E. Hammarsten. Biography O. H. Warburg. In: Nobel Lectures, Including Presentation Speeches and Laureates' Biographies. Physiology or Medicine, Vol. 2 (1922–1941), Amsterdam, London, New York 1965, 251–253, 269–270.
[B 48] Racker, E.: 50 years ago. Otto Warburg at a turning point in 1932. Trends in biochem. sciences 7 (1982) No. 12, 448–449.
[B 49] Rapoport, S. M.: Leben und Werk Otto Warburgs. Sb. d. AdW d. DDR 3 N (1985) 5–14.
[B 50] Rudzinski, K.: Nestor der deutschen Biochemie. Zum Tode von Otto Warburg. Frankf. Allg. Ztg. v. 04. 08. 1970, 20.
[B 51] Rux, D.: Otto Warburg (1883 bis 1970) – Melvin Calvin (geb. 1911). In: Biographien bedeutender Biologen, Hrsg. W. Plesse u. D. Rux, Berlin 1977, 274–280.
[B 52] Schlenk, F.: 50 years ago. The dawn of nicotin amide coenzyme research. Trends in biochem. sciences 9 (1984) No. 6, 286–288.
[B 53] Schöngart, H.-A.: Nobelpreisträger Professor Warburg Ehrendoktor der Berliner Landbaufakultät für Forschungen über Zuckerbildung in der Pflanze. Z. f. Zuckerind. 4 (1953) 154–156.
[B 54] Schütte, E.: Erinnerungen an Otto Warburg. Naturwiss. Rdsch. 36 (1983) 444–447.
[B 55] Szirmai, E.: Biographie der Erinnerungen, Bd. 1. Szirmai-Archive. Stuttgart, Tokyo, New York 1981, 37–59.
[B 56] Thomas, K.: Otto Warburg zum achtzigsten Geburtstag. Naturwissenschaften 50 (1963) 629–630.
[B 57] Vennesland, B.: Was für ein Mann ist dieser Otto Warburg? Berliner Leben 5 (1969) 8–11.
[B 58] Warburg, O.: Autobiographisches in einem gefilmten Interview. Inst. f. wiss. Film. Göttingen 1966. Zitiert in [B 42, S. 23f. u. 94–97].
[B 59] Wolff, Ch.: Wodurch werden Zellen krebskrank? Wir sprachen mit Otto Warburg, Physiologe und Krebsforscher. Die Welt, 12 Jg., Nr. 233 v. 07. 10. 1957, 5.

Weiter zitierte Literatur

Zur Wissenschaftsgeschichte, insbesondere Vorgeschichte und Geschichte der Biochemie

[1] Afzelius, A.: Linné's eigenhändige Aufzeichnungen über sich selbst mit Anmerkungen und Zusätzen. Dt. Übers. v. K. Lappe. Berlin 1826.

[2] Anonym: Die Lindauer Vorträge der Nobelpreisträger (Übersicht von 1951 bis 1975). Naturwiss. Rdsch. 28 (1975) 190–200.
[3] Bernal, J. D.: Die Wissenschaft in der Geschichte. Berlin 1961.
[3a] Berzelius, J.: Selbstbiographische Aufzeichnungen. Dt. Übers. v. E. Wöhler. Hrsg. H. G. Söderbaum. Leipzig 1903.
[4] Corner, G. W.: A history of the Rockefeller Institute 1901–1953. Origins and growth. New York City 1964.
[5] Fischer, I. (Hrsg.): Biographisches Lexikon der hervorragenden Ärzte der letzten fünfzig Jahre. Bd. 2. 2./3. Aufl., München, Berlin 1962.
[6] Fischer, P.: Licht und Leben. Ein Bericht über Max Delbrück, den Wegbereiter der Molekularbiologie. Konstanz 1985.
[7] Florkin, M.: A history of biochemistry. Part I. Proto-biochemistry. Part II. From Proto-biochemistry to biochemistry. Comprehensive Biochem. 30 (1972).
[8] Florkin, M.: Early theories of the „biological oxidations" of intracellular respiration. Acta Historica Leopoldina 9 (1975) 59–68.
[9] Florkin, M.: A history of biochemistry. Part III. History of the identification of the sources of free energy in organisms. Comprehensive Biochem. 31 (1975).
[10] Florkin, M.: A history of biochemistry. Part IV. Early studies on biosynthesis. Comprehensive Biochem. 32 (1977).
[11] Franck, J.: Emil Warburg zum Gedächtnis. Naturwissenschaften 19 (1931) 993–997.
[12] Goetz, D.: Zu einigen Gedanken Ostwalds über den schulebildenden Wissenschaftler. Sb. d. AdW d. DDR 13 N (1979) 157–161.
[13] Hoffmann, D., u. W. Schlicker: Wissenschaft unter dem braunen Stiefel 1933–1945. In: Wissenschaft in Berlin, (Autorenkoll. u. Ltg. v. H. Laitko), Berlin 1987, 502–591.
[14] Jahn, I., R. Löther u. K. Senglaub (Hrsg.): Geschichte der Biologie. Theorien, Methoden, Institutionen und Kurzbiographien. Jena 1982.
[15] Janko, J.: From physiological chemistry to biochemistry. Acta hist. rer. nat. nec non techn. 9 (1977) 223–279.
[16] Kant, H., u. W. Schlicker: Hauptstädtische Wissenschaft in der ‚Republik auf Zeit' 1918–1933. In: Wissenschaft in Berlin, (Autorenkoll. u. Ltg. v. H. Laitko), Berlin 1987, 396–501.
[17] Kaplan, N. O.: Experiences in biochemistry. Comprehensive Biochem. 36 (1986) 255–296.
[18] Klaus, W., u. W. Fläschendräger: Kaiser, Korps und Kapital. In: Magister und Scholaren, Professoren und Studenten, (Autorenkoll.), Leipzig, Jena, Berlin 1981, 117–144.
[19] Klein, H. (Hrsg.): Humboldt-Universität zu Berlin. Überblick 1810–1985. Berlin 1985.
[20] Kraus, A.: In der Barberei. In: Magister und Scholaren, Professoren und Studenten, (Autorenkoll.), Leipzig, Jena, Berlin 1981, 173–194.

[21] Laszlo, P.: A history of biochemistry. Molecular correlates of biological concepts. Comprehensive Biochem. 34 A (1986).
[22] Leonhardt, H.: Santiago Ramon Y Cajal – Der Schöpfer der Neuronenlehre als Voraussetzung der modernen Nervenheilkunde. In: Forscher und Wissenschaftler im heutigen Europa. Erforscher des Lebens. Gestalter unserer Zeit, Bd. 4, Oldenburg, Hamburg 1955, 86–92.
[23] Lieben, F.: Geschichte der physiologischen Chemie. Leipzig, Wien 1935.
[24] Liljestrand, G.: The prize in physiology and medicine. In: Nobel, the man and his prizes, Stockholm 1951, 135–316.
[25] Lipmann, F.: Wanderings of a biochemist. New York 1971. Zitiert in [9].
[26] Macrakis, K.: Wissenschaftsförderung durch die Rockefeller-Stiftung im „Dritten Reich". Gesch. u. Gesellsch. 12 (1986) 348–379.
[27] Michaelis, A. R., u. R. Schmid: Wissenschaft in Deutschland – Niedergang und neuer Aufstieg. Stuttgart 1983.
[28] Michaelis, L.: Zur Erinnerung an Paul Ehrlich: Seine wiedergefundene Doktor-Dissertation. Naturwissenschaften 7 (1919) 165–168.
[29] Ostwald, W.: Erfinder und Entdecker. Frankfurt/M. 1908.
[30] Ostwald, W.: Grosse Männer. Leipzig 1909.
[31] Ostwald, W.: Zur Geschichte der Wissenschaft. Hrsg. R. Zott. Ostwalds Klassiker der exakten Wissenschaften, Bd. 267, Berlin 1985.
[32] Partsch, K. J.: Die Zoologische Station in Neapel. Göttingen 1980.
[33] Planck, M.: Wissenschaftliche Selbstbiographie. 5. Aufl., Leipzig 1970.
[34] Remane, H.: Emil Fischer. Biographien hervorragender Naturwiss., Techn. u. Med., Bd. 74, Leipzig 1984.
[35] Röseberg, U.: Zur Entwicklung des Verhältnisses von Wissenschaft und Weltanschauung zwischen 1871 und 1917. Beitr. Wissenschaftsgesch., Wiss. im kapitalistischen Europa. Berlin 1983, 167–187.
[36] Rothschuh, K. E.: Geschichte der Physiologie. Berlin, Göttingen, Heidelberg 1953
[37] Ruff, P. W.: Entwicklungslinien in der Medizin zwischen 1871 und 1917. Beitr. Wissenschaftsgesch., Wiss. im kapitalistischen Europa. Berlin 1983, 129–141.
[38] Sauer, G., u. B. Bienwald: Tonbandinterview mit Professor Karl Lohmann. Berlin, Oktober 1977 (unveröff.). Archiv Doz. Dr. G. Sauer, Inst. f. Biochemie des Ber. Med./Charité der Humboldt-Univ. Berlin.
[39] Sauer, G., S. Rapoport u. G. Rost: Zur Geschichte der Biochemie in Berlin. NTM-Schriftenr. Gesch. Naturwiss. Techn. Med. 1 (1960) 119–147.
[40] Semenza, G. (ed.): Selected topics in the history of biochemistry. Personal recollections I. Comprehensive Biochem. 35 (1983).
[41] Semenza, G. (ed.): Selected topics in the history of biochemistry. Personal recollections II. Comprehensive Biochem. 36 (1986).

[42] Simmer, H.: Zur Entwicklung der physiologischen Chemie. CIBA-Zeitschr. 8 (1958) 3013–3044.
[43] Štrbáňová, S.: Formation of interdisciplinary sciences. The case of biochemistry. Acta hist. rer. nat. nec non techn. 19 (1985) 193–245.
[44] Sucker, U.: Zu einigen philosophischen und wissenschaftstheoretischen Auffassungen des Botanikers Henry Potonié. Gleditschia 9 (1982) 39–44.
[45] Sucker, U.: Das „Kaiser-Wilhelm-Institut für Biologie" – Seine Gründungsgeschichte, seine problemgeschichtlichen und wissenschaftstheoretischen Voraussetzungen (1911–1916). Diss. B. Phil. Fak., Humboldt-Univ. Berlin 1987.
[46] Tutzke, D. (Hrsg.): Geschichte der Medizin. Berlin 1980.
[47] Vogt, A.: Berliner Wissenschaft im Abgesang des Wilhelminischen Reiches 1900–1917. In: Wissenschaft in Berlin, Autorenkoll. u. Ltg. v. H. Laitko, Berlin 1987, 304–395.
[48] Walter, H.: Albrecht Kossel (1853–1927). Neue Dt. Biogr. 12 (1980) 615–616.
[49] Wolkenhauer, W.: Andreas Fedor Jagor. Biogr. Jb. u. Dt. Nekrolog 5 (1903) 78–79.
[50] Wyklicky, H.: Ludolf von Krehl. Neue Dt. Biogr. 12 (1980) 733–734.
[51] Zirnstein, G.: Grundzüge der Entwicklung der Biologie im Zeitraum zwischen 1917 und 1945. Beitr. Wissenschaftsgesch., Wiss. u. Gesellsch. 1917–1945. Berlin 1984, 133–151.

Sonstige Literatur

[52] Anonym: Richard Gradewitz. Wer ist's?, Jg. 1922, 508.
[53] Autorenkollektiv: Schulgeschichte in Berlin (Manuskript). Berlin 1987.
[54] Bayliss, W. M.: Principles of general physiology. 4th ed. London 1924.
[55] Euler, H. v.: Grundlagen und Ergebnisse der Pflanzenchemie. 1. Teil. Braunschweig 1908.
[56] Fischer, E.: Synthese von Polypeptiden. XI. Liebiges Ann. Chem. 340 (1905) 123–204.
[57] Friedrichs-Werdersches Gymnasium: Jahresbericht des Friedrichs-Werderschen-Gymnasiums in Berlin über das Schuljahr 1901–1902. Berlin 1902.
[58] Friedrichs-Werdersches Gymnasium: Zweihundertfünfzig Jahre Friedrichs-Werdersches Gymnasium zu Berlin (1681–1931). Berlin, Langensalza 1931.
[59] Hess, B.: Enzyme im Blutplasma. Stuttgart 1962.
[60] Kaiser-Wilhelm-Gesellschaft: Tätigkeitsberichte der Kaiser-Wilhelm-Gesellschaft zur Förderung der Wissenschaften. Naturwissenschaften 6 (1918) bis 28 (1940).
[61] Kletzinsky, V. v.: Compendium der Biochemie. Wien 1858.

[62] Kluyver, A. J., u. A. P. Struyk: Über das sogenannte Coenzym der alkoholischen Gärung. Biochem. Z. 201 (1928) 212–258.
[63] Krshishanowski, G.: Zitiert nach W. Loginow: Einige Striche zum Porträt. W. I. Lenin – Denker, Revolutionär, Mensch. Sputnik 15 (1981) H. 1, 150–173.
[64] Lange, A.: Berlin zur Zeit Bebels und Bismarcks. Berlin 1980.
[65] Lewis, G. N., u. M. Randall: Thermodynamics and the free energy of chemical substance. New York, Toronto, London 1923.
[66] Maxwell, J. C.: Theory of heat. London 1877.
[67] Niel, C. B. van, M. B. Allen u. B. E. Wright: On the photochemical reduction of nitrate by algae. Biochim. Biophys. Acta 12 (1953) 67–74.
[68] Ostwald, W.: Biologie und Chemie. Ostwalds Ann. Naturphilos. 3 (1903) 302–314.
[69] Ostwald, W.: Die Universität der Zukunft und die Zukunft der Universität. In: Forschen und Nutzen. Wilhelm Ostwald zur wissenschaftlichen Arbeit. Ein Auswahlband zum 125. Geburtstag, Berlin 1978.
[70] Personal- und Vorlesungsverzeichnisse der Universitäten Freiburg i. Br. (1900–1903), Berlin (1903–1906, 1914–1923), München (1906/07) und Heidelberg (1907–1914).
[71] Planck, M.: Ansprache zur Eröffnung der öffentlichen Sitzung zur Feier des Leibnizschen Jahrestages. Sb. Preuß. AdW 33 (1919) 547–551.
[72] Rabinowitch, E. I.: American Scientist, Aug. 1948.
[73] Schäfer, K.-H., E. H. Gombrich u. C. G. Heise: Aby Warburg zum Gedächtnis. Hamburger Universitätsreden 34 (1966).
[74] Telschow, E.: Vorwort. In: Jb. 1940 der KWG, Berlin 1940, 7.
[75] Vögler, A.: Vorwort. In: Jb. 1942 der KWG, Berlin 1942, 5–6.
[76] Willstätter, R.: Über Fortschritte in der Enzymisolierung. Ber. Dt. Chem. Ges. 59 (1926) 1–12.
[77] Z. Naturf. 8b (1953) 449.

Personenregister

Lieferbar in dieser Reihe:

Band	Autor und Titel	Preis	Bestell-Nr.
16	Heinig: C. Schorlemmer	4,70	665 721 9
17	Hoppe: J. Kepler	4,70	665 586 2
20	Kuczera: H. Hertz	4,50	666 379 0
29	Wolczek: M. Skłodowska-Curie	6,50	665 833 4
31	Kaiser: J. A. Segner	4,50	665 840 6
34	Halameisär/Seibt: N. I. Lobatschewski	4,60	665 870 5
45	Ilgauds: N. Wiener	4,80	665 983 9
46	Körber: A. Wegener	4,80	665 991 9
48	Zirnstein: Ch. Lyell	6,80	665 992 7
49	Goetz: G. Chr. Lichtenberg	6,80	665 986 3
50	Tobies: F. Klein	6,80	666 026 6
55	Krüger: W. I. Wernadskij	6,80	666 033 8
57	Herrmann: K. F. Zöllner	4,80	666 086 4
58	Cassebaum: C. W. Scheele	6,80	665 990 0
62	Dunsch: H. Davy	4,80	666 111 1
65	Ullmann: E. F. F. Chladni	4,80	666 143 7
66	Hoffmann: E. Schrödinger	4,80	666 080 5
67	Hamel: F. W. Bessel	4,80	666 197 1
71	Herneck: H. W. Vogel	6,80	666 193 9
72	Göbel: F. A. Kekulé	4,80	666 192 0
73	Kant: Fahrenheit-Réaumur-Celsius	6,80	666 188 3
74	Remane: E. Fischer	4,80	666 194 7
75	Guntau: A. G. Werner	6,80	666 196 3
76	Strube: G. E. Stahl	4,80	666 195 5
77	Grabow: S. Stevin	6,80	666 250 1
79	Purkert/Ilgauds: G. Cantor	6,80	666 252 8
80	Kuczera: G. Hertz	4,80	666 258 7
83	Kant: J. R. Oppenheimer	8,80	666 257 9
84	Szabadváry: A.-L. Lavoisier	4,80	666 263 2
85	Dunsch: J. J. Berzelius	6,80	666 322 1

GPSR Compliance

The European Union's (EU) General Product Safety Regulation (GPSR) is a set of rules that requires consumer products to be safe and our obligations to ensure this.

If you have any concerns about our products, you can contact us on ProductSafety@springernature.com

In case Publisher is established outside the EU, the EU authorized representative is:

Springer Nature Customer Service Center GmbH
Europaplatz 3
69115 Heidelberg, Germany

Batch number: 10577915

Printed by Printforce, the Netherlands